U0181400

中 国 园 林

与 18 世纪 欧 洲 园 林
的 中 国 风（上）

［瑞典］

喜仁龙

著

赵省伟

主编

陈昕　邱丽媛

译

北京日报出版社

图书在版编目（ＣＩＰ）数据

西洋镜：中国园林与 18 世纪欧洲园林的中国风 /
（瑞典）喜仁龙著；赵省伟主编；陈昕，邱丽媛译 . --
北京：北京日报出版社，2021.12（2022.11 重印）
ISBN 978-7-5477-4127-6

Ⅰ . ①西… Ⅱ . ①喜… ②赵… ③陈… ④邱… Ⅲ .
①古典园林－园林艺术－研究－中国②古典园林－建筑艺
术－研究－欧洲－ 18 世纪 Ⅳ . ① TU986.62 ② TU986.65

中国版本图书馆 CIP 数据核字 (2021) 第 222615 号

出版发行：北京日报出版社
地　　址：北京市东城区东单三条 8-16 号东方广场东配楼四层
邮　　编：100005
电　　话：发行部：（010）65255876
　　　　　总编室：（010）65252135
责任编辑：卢丹丹
印　　刷：固安兰星球彩色印刷有限公司
经　　销：各地新华书店
版　　次：2021 年 12 月第 1 版
　　　　　2022 年 11 月第 4 次印刷
开　　本：787 毫米 ×1092 毫米　1/16
印　　张：42
字　　数：700 千字
印　　数：3201—6200
定　　价：188.00 元（全二册）

「出版说明」

喜仁龙拍摄的古城墙和园林，如今很多已荡然无存。幸亏有他当年辛辛苦苦费尽心血拍摄的照片，我们才得以一窥旧时风貌，那些精致的古城墙和园林也得以永远存活在喜仁龙的照片中。《中国园林》首版于 1949 年，系统论述了中国园林的艺术特点和发展流变，是世界公认的中国园林研究开山之作。《18 世纪欧洲园林的中国风》是中国园林的姊妹篇，初版于 1950 年。

一、本书由《中国园林》《18 世纪欧洲园林的中国风》和附录三部分组成，共收录70 万字、近 800 幅图片。上册由邱丽媛翻译，下册译者为陈昕。

二、为了方便读者阅读，编者对图片进行了统一编排，调整了原书部分图片的顺序，并且重新编号。为了以示区分，正文插图和新拍摄的照片没有编号。

三、由于年代已久，部分图片褪色，颜色深浅不一。为了更好地呈现图片内容，保证印刷整齐精美，我们对图片色调做了统一处理。

四、由于能力有限，书中个别人名、地名无从考证，皆采用音译并注明原文。

五、由于原作者所处立场、思考方式以及观察角度与我们不同，书中很多观点跟我们的认识有一定出入，为保留原文风貌，均未作删改。但这不代表我们赞同其观点，相信读者能够自行鉴别。

六、由于时间仓促，统筹出版过程中难免出现疏漏、错讹，恳请广大读者批评指正。

七、书名"西洋镜"由杨葵老师题写。感谢江西师范大学美术馆提供封面创意。感谢李婷、邓春梅、周小芳、朱星宇翻译支持。

八、拙政园、留园的彩色照片由王晶晶女士拍摄，在此致以诚挚的谢意。

编者

喜仁龙对中国艺术史研究的启示
——朱良志

　　喜仁龙（Osvald Sirén，1879—1966）教授是 20 世纪欧美中国艺术史研究的先驱。他很年轻时就荣膺瑞典斯德哥尔摩大学艺术史教授之位。但当他成为一位具有国际声望的意大利文艺复兴艺术研究学者后，却将目光转向中国艺术，从此便沉浸其中，前后达 50 年之久。他的研究涉及中国的建筑、雕塑、园林、绘画乃至城市规划等诸多领域，从理论到作品，从鉴赏到收藏，都有卓越贡献。他曾是欧美多家博物馆和私人藏家中国艺术收藏的顾问，他本人也是中国艺术的收藏家。中国传统艺术研究改变了他的艺术观点，甚至影响到他的生活方式。他一生著述极丰，有关中国艺术的著作有：《北京的城墙与城门》[①]（1924）、《5—14 世纪中国雕塑》[②]（1925）、《中国北京皇城写真全图》（1926）、《中国早期艺术史》[③]（1956—1958）。《中国画论》（1933）、《中国园林》（1949）等。其巅峰之作是七卷本的《中国绘画：名家与原理》[④]（1956—1958）。作为一位西方学者，喜仁龙几乎成为中国艺术研究的百科全书式人物，这是十分罕见的。

　　2021 年是喜仁龙教授诞辰 142 周年，他转向中国艺术研究至今也有百年时间，如今的中国艺术史研究，由国外到国内，渐成热门之学。重读先生的著作，回望其所走过的研究道路，笔者深感其学术思想今天仍然具有重要价值，其学术努力今天仍具启示作用。这里从他对中国艺术研究的态度、观点和原理把握三个方面谈谈我的一些体会。

①《北京的城墙与城门》《中国北京皇城写真全图》已结辑为《遗失在西方的中国史：老北京皇城写真全图》，于 2017 年出版。——编者注
②《5—14 世纪中国雕塑》已结辑为《西洋镜：5—14 世纪中国雕塑》，于 2019 年出版。——编者注
③《中国早期艺术史》已结辑为《西洋镜：中国早期艺术史》，于 2019 年出版。——编者注
④《中国绘画：名家与原理》即将结辑为《西洋镜：中国绘画史》出版。——编者注

　　他没有居高临下的态度，他是来中国艺术的领域寻找精神对话的。他认为，艺术是心灵深层的声音，没有时间、地域界限，只与喜爱她的人款曲往来。

　　他对中国艺术的研究，既不同于传教士——有某种先行的观念需要传播，进而走入中国文明视野中；也不同于我们今天在艺术史领域习见的状况——将中国艺术史当作证明某种西方观念的材料。他之所以走向中国艺术史研究领域，20 世纪初叶西方出现的发现东方的思潮对他有一定影响，但并不是主要因素，这里面有更深层的原因。

　　据说他转向中国艺术研究与一组宗教画有关。南宋林庭珪、周季常善画罗汉，曾花十多年时间画出《五百罗汉图》，后传入日本，镰仓时期藏于寿福寺，后为丰臣秀吉所有，最终藏入京都大德寺。1894 年，波士顿美术馆日本部主任费诺罗萨向大德寺借了 44 幅赴美展出，这也是中国绘画第一次大规模地在美国展出。展出结束后，波士顿美术馆购买了其中的 10 幅画。费诺罗萨陪同喜仁龙的两位朋友贝伦森、罗斯一起欣赏这些画时，三人突然跪倒在地，抱头痛哭，他们看到一种完全不同于西方艺术的东西。这是惊奇，是震撼，也是会通。这使我想到清代画家恽南田[①]谈"画意"的一段话："群必求同，同群必相叫，相叫必于荒天古木，此画中所谓意也。"大约在 1913 年，志向高远的喜仁龙在罗斯带领下，来到波士顿美术馆看《罗汉图》。看到其中的《云中示现》图时，喜仁龙同样受到极大的心理冲击，感到有一道灵光由内心深处腾起。

　　喜仁龙在笔记中记载了当时看展览的一个细节："最终罗斯博士就像拥抱眼前的景致一般张开双臂，然后将指尖放在胸膛，说道：'西方艺术都是这样的'——他以这个姿势来说明艺术家依靠的是外在的景象或图形。而后他又做出第二个动作，将手从胸膛上向外移开，并说道：'中国绘画却是截然相反的'——以这个姿势说明由内向外产生的某种东西，它从画家心底的创造力衍生出来，随后绽放为艺术之花。"

　　这个由内向外的艺术是他一生追求的目标。他说，中国绘画能引导人脱离凡尘，进行内心的对话。他在中国传统艺术中看到，无论是图像、装饰还是建筑等，都不是为了外在形象而创造，而是有更深层的含义。他在中国艺术中流连，是要去发现它的精神价值，那

---

①恽南田（1633—1690），即恽寿平，原名格，字寿平，号南田。明末清初的书画家，并始创常州画派，"清初六家"之一。——编者注

种超越时代和地域、为人类所分享的"不死"精神。他认为，这样的精神就如同人身上的血脉，有了这绵延生命之流的滋润，人类的生命才会更绵软，生活才会有芬芳。

喜仁龙是一位具有浪漫气质的诗人，特别重视心灵的微妙感受，他的艺术史研究就具有这种精神气质，这也是他的研究最为感人的地方。高居翰曾经是喜仁龙的助手，他在中国绘画研究方面也有卓越贡献，甚至有"出蓝"之誉。他与喜仁龙都善于叙述，是语言表达方面的圣手。但二人气质不同，研究的气象也不一样。高居翰像小说家一样讲述艺术史的来龙去脉，娓娓道来，令人神往。而喜仁龙则更像一位诗人，艺术研究就是他的"诗的作业"，他以诗性贯通艺术研究的里程，东方艺术的诗性精神对他来说最为会心。

喜仁龙在第一本研究东方艺术的著作《金阁寺》中，谈到日本庭院中苔痕历历的景象对他的吸引，他认为这是东方情致的缩影，反映出人与自然融为一体的微妙精神，突显出在静寂中感受世界节奏的智慧。他在另外一则笔记中写道：早春季节，他在北京中海、南海、北海徘徊，明镜般的水面，春来树木嫩芽初发，空气中香味与光线无形交合，使他恍如置身于无比华丽的景象中。他说，在中国艺术中就感受到了这样的生命气息。

他的艺术研究还具有深刻的宗教根源，他要在艺术中追求"更纯净的精神"。在他看来，艺术使人更接近于"神"，给予人独特的宗教体验。他所说的宗教体验，是一种融合着哲学精神、审美体验、人生智慧的心理形式。在他的心目中，艺术可不是画一幅山水、涂抹一些形象那样简单，它具有安顿人心、提升性灵的功能。真正的艺术是"对心的"，引发人向美的天国腾踔。因此，只有艺术家内心衍生的作品才能感染人，才可以称为真正的艺术。他对当时流行的自然主义风景画没有兴趣，对追求客观描写的风尚也是漠然视之。在他看来，中国艺术从总体上说是内省式的艺术。当春天的树木发芽，他会为百花盛开的和弦张开耳朵；当人心宁静时，就会听到遥远记忆中的窃窃私语。他颇为倾向于这样的艺术方式。

喜仁龙可不想成为一个冷漠的审视者（这是我们今天的研究所强调的）。从远观到近玩，从一个陌生的"他者"叙述，转为与这样的艺术对象对话，进而按照中国传统艺术的观念建造一个空间，他要在这样的环境中优游，氤氲它的芬芳，浸染它的气味。他花了几年时间，在斯德哥尔摩郊外的利丁厄岛上，亲自设计营造了一处具有东方情调的住所，并于 1930 年搬入。这座三层楼的建筑，虽然整体上是瑞典风格，但却融入了大量的中国元素——有他喜欢的北京红墙，室内还做了一个类似苏州园林的月门，卧室、书房、会客厅陈设着大量的中国艺术品，连天花板也按照中国式样建成，家具就更是如此。围绕这座建筑，他还营建了一座具有东方情趣的花园，园中曲径通幽、流水潺潺、花木茂盛，并有假山点缀其中，甚至还有日式的灯笼柱。他说，生活在这样的世界中，"用精神引导和真理之光照亮四周"。

这位身材不高、颇为优雅的学者，在研究中国艺术时，既有探险家的意志，又有艺术家的热情，更有哲学家的冷静理性。他在日记中谈到，在前往亚洲的漫长旅行中，他常常在甲板上学习中文，读玄奘的传记。玄奘当年西域探险取经的精神给他以力量。他对中国艺术的研究，不是奠定在想象里，也不全在文献中，而在他的脚下，在他与艺术品的视觉交流中。在那个动荡的年月，他的足迹遍布中国一半左右的国土，他既在北京、上海、杭州、西安等大城市流连过，也曾深入乡村，深入考古现场，寻找发现第一手的艺术研究资料。他在中国的大量时间是在驴车上度过的。他曾经花很长时间去丈量北京的城门、城楼，在断墙残垣中送别一个个黄昏。

他的很多研究真正可以称为"发现"：他发现了北京城墙、城门无与伦比的美，发现了残破凌乱的苏州私家园林的高雅风致。从山西、河北、甘肃等很多地方的灰尘中感受众多雕塑和壁画的光辉，从中国绘画的简朴形式中追寻生命的亮色。他把研究当作修行，这不用说在西方，就是中国本土的艺术研究者也很难做到。

从喜仁龙的研究中我感受到，艺术研究需要科学的态度，但除此之外，可能还需要一些特别的东西，毕竟你研究的对象是——"艺术"！

02

眼　光

喜仁龙对中国艺术的研究，不仅著作颇多，而且眼光独到、见解深刻。他有很高的鉴赏水平，对中国艺术史的发展过程有较全面的了解，对中国艺术的诸多种类有细致的钻研，尤其对形成艺术的内在文化哲学因缘有较深的涉略。他看中国艺术有一种别样的眼光，他的很多结论至今仍有重要的学术价值。这里我举几个例子。

例如他研究中国绘画的发展历史，其中特别重视元代绘画的价值。元画的面目与北宋显然不同，像倪瓒的绘画多是枯木寒林，气氛萧瑟。在喜仁龙的很多研究界、收藏界的朋友看来，这些绘画缺少技巧，没有生气，令人厌恶，很少具有收藏价值。持这样观点的人，甚至包括他的助手高居翰。高居翰就认为元代以后中国绘画渐渐走下坡。但喜仁龙却不这样看。他认为元代绘画开辟了一个新的方向，是中国绘画的重要转换，理解明代绘画，要到元代绘画中去寻找源流。他说："直到15世纪末，那些伟大的元代画家的影响才变得极其重要，他们促成了浪漫的山水画的欣欣向荣。"他的这一观点显然是符合中国画发展逻辑的。

再比如他对中国家具的看法，当时在瑞典和西方，那些喜欢中国家具的人多热衷于收藏清式家具，他们喜欢其中的繁缛雕刻和回环的造型，喜欢那种堂皇的色彩。喜仁龙与之不同，他极力推崇明式家具，他认为，这种简洁明快、风格淡逸、含蓄蕴藉的家具形式才是中国家具艺术的卓越代表。在瑞典利丁厄他的家中，陈设的家具基本上是明式的。这与后来王世襄先生的观点可谓不谋而合，王先生推崇的也是这种古朴中饶活泼、沉稳里出轻盈的家具风格。

喜仁龙六次来中国，都在北京停留，他在中国期间住在北京的时间最长。他痴迷于这座古老城市的建筑和文明，他关于中国艺术的著述近半与这座城市有关。他的《北京的城墙与城门》《中国北京皇城写真全图》，是关于北京城市研究的划时代著作。其《中国园林》中的大量内容也是谈北京园林的，他将北京园林列为与苏州园林相埒的存在。他认为北京的城墙是最激荡人心的古迹，有一种沉稳雄壮的美，有一种睥睨世界的气势，是足以与万里长城媲美的古代遗迹。他倾心于北京城墙那独特的节奏，在他看来，整个城墙如一首完整的音乐，而那些气势恢宏的角楼就如同每个乐章中的休止符。他对北京城的研究，饱含着对这座古老城市的爱。他谈到有坍塌危险的城墙时说："只要对北京这些历史建筑有一点兴趣，且有资金的话，这都应该是第一批需要保护的建筑。"他苦涩地写道："如此这般庄严神圣、风景如画的美丽都城还会延续多少年，每年还将有多少精心雕饰的商铺和牌楼遭到破坏，还将会有多少古老宅院连同假山、凉亭、花园一起被夷为平地，以便为半西式的三层砖楼腾出位置，还将会有多少旧街道被拓宽、多少壮美的城墙被推倒，为了给有轨电车让道，古老的北京城正以迅雷不及掩耳之势消失着。"他认为关心那些已经逝去的荣光，是一座城市魅力的重要根源。他的这些描写今天我们读来，都使人心情久久不能平静。他的这些思想后来对梁思成产生了重要影响。

独特的眼光，具有深邃的穿透力，这或许是读他的作品时觉得有力量感的原因。

03   原理

作为一位侧重研究中国艺术观念的后学，我本人十多年来的研究深受喜仁龙先生的启沃。他是近现代以来西方中国艺术史研究领域最重视观念研究的学者，他的研究与近来西方本领域研究多不大涉及观念的方式大为不同。他有关绘画、园林、雕塑等诸多领域的研究，都非常关注其背后的哲学、宗教等因素。在他看来，对于中国艺术来说，没有这方面的关注，很难打开中国艺术的大门。因为中国艺术的存在状态与西方大相径庭，它那平淡的风味、古拙的形式、枯木寒林一样的萧瑟简朴创造，还有妙在"骊黄牝牡之外"的追求，若不重视背后观念的研究，是无法接近它的。喜仁龙深深理解这一点，在中国艺术史的开创性研究中，他在这方面投入了极多的心力。我曾在《南画十六观》的序言中说："喜仁龙说，中国艺术总是和哲学、宗教联系在一起，若没有对哲学的了解根本无法了解中国艺术。中国艺术尤其是文人画反映的是一种价值，而不是形式。喜仁龙的看法是非常有见地的。"我现在还清晰地记得当年初读他的《中国画论》时的兴奋，他有关"中国绘画以及艺术批评与其生命哲学有紧密关系"的阐述，是切合绘画发展实际的概括。

他是我所知比较早又比较系统地翻译、解说中国传统绘画理论的学者，他的七卷本巨著《中国绘画：名家与原理》贯穿着两条线，一是名家创作的历史，一是理论凝聚发展的历史，他在这两条线的互相参照中，来审视中国绘画的发展，解读绘画作品。他认为，表面好看的艺术形式本身并没有什么意义，艺术必须要有灵魂，灵魂的关键是要有节奏，通过赋予节奏以艺术形式，艺术家可以表达对生活的感触。音乐与舞蹈就是通过律动、利用节奏的力量赋予生机的形式，绘画虽然是造型艺术，却具有两种重要的节奏形式：线条和色彩。他以这样的思路切入谢赫"六法"以及张彦远《画史》中的叙述。他认为谢赫的"气韵生动"，重视节奏的表现，由节奏而追求活泼的生机，由此呈现活络的心灵。他研究的重点不是描述绘画发展的样态，而是追寻之所以如此的内在逻辑。

喜仁龙是真正懂中国园林的人，他与陈从周、童寯几位学者，是20世纪以来对中国园林风味阐释最为出色的大师。喜仁龙称中国园林是"自然形式下的艺术品"。这句话概括出了理解中式园林的三个关键点。一是自然，没有与自然的融合就没有中式园林，中式园林强调的随意性、非规则、非秩序的特点，所考虑的正是与自然的融合。二是形式，中式园林的形式，是绘画艺术的延展，他将园林理解成三维的山水画，就像绘画手卷在现实空间中展开，它是诗意的，抽象的，又是富有情感的空间形式。三是艺术品，由自然与人工技巧构造出来的形式，是一种艺术品，是供人们观赏、优游其中的，在人们的视觉流动、心灵变化中，不断产生出意义的世界。在这三者之中，他认为，与自然的融合是中式园林的核心，也是其不同于遵循几何构图的欧洲园林和寂静幽深的日本园林的根本特征。他尤其重视以时间的目光来审视中式园林，他认为，中式园林依循大自然无常的变化本质，在时间的节奏中展现其无尽的魅力，纳千顷之浩荡，收四时之烂漫，是中式园林的基本法则。

他对中式园林水的分析极具智慧。他认为，中式园林在水的利用上，程度之高，手法之巧，在世界园林中罕有其匹。水是园林的血脉，使分散的景点联系起来，在静止的空间中蕴含激荡的活力。有了水，就有了流动的生机，有了变化的节奏。园水干涸，就像人停止了心脏跳动。他引用钱伯斯（William Chambers，1723—1796）的话说："他们将清澈的

湖泊比喻为一幅意境丰富的画作，其与周围的一切都达到完美融合。也就是说，可以通过这一汪水瞥见整个世界。通过这片水，你可以感受到另一个太阳，另一片天，另一个宇宙。"曲曲一湾柳月，濯魄清波；遥遥十里荷风，递香幽室。他认为中式园林的精髓正在水的荡漾中，水无尽，趣也无尽。

他对中国雕塑、建筑的研究，也重视观念的引导。对中国艺术原理的把握为他鉴赏中国艺术提供了内在的理论支撑。他对中国艺术有一种"体系化"的理解，不是概念的体系化，而是对内在精神的圆融把握。

喜仁龙关于中国艺术的话语，可以说是孤独者的冥思。他不是为你讲述中国艺术的故事，而是发掘其背后的精神。他是爱好智慧的人，他缘由艺术研究来增益智慧，通过艺术的传播来发散光明。不能说喜仁龙有关中国艺术研究的方式和结论没有可议之处，但读他的作品，能促使你去思考中国艺术的关键问题，这实在是极为难得的。

上图为《汉宫春晓图》的一部分，画于 16 世纪，见图 106（参见 187 页）。
画中内容包括：花园山石、鲜花、盛开的树、竹子以及些微的花花草草、白鹭，还有两名贵族女子

朱良志，1955 年生，安徽滁州人。曾任纽约大都会博物馆亚洲部高级研究员、北京大学哲学系教授，现为北京大学美学与美育研究中心主任。主要研究方向为中国哲学、中国古代美学与中国传统艺术观念。代表作有《石涛研究》《八大山人研究》《南画十六观》《中国美学十五讲》等。——编者注

留园的洞门

留园的别有洞天

留园的湖石

拙政园的月亮门

拙政园的窗棂

拙政园的亭子

拙政园的一池碧水

拙政园的别有洞天

目录

西洋镜：中国园林与 18 世纪欧洲园林的中国风（上）

CONTENTS

目录

西洋镜：中国园林与 18 世纪欧洲园林的中国风（下）

CONTENTS

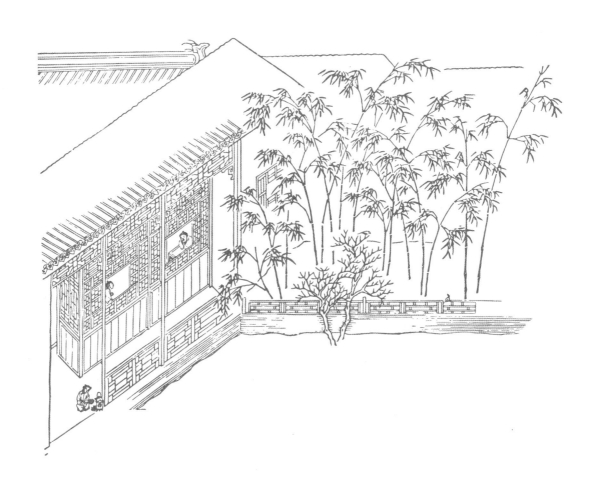

「 前 言 」

　　中国园林，对于曾经居住且徜徉在这片奇妙而有趣的土地上的人来说，是个非常愉快的话题；而对于那些从未到过这个绚丽多彩的国家的人来说，又是那么陌生，充满异域风情。在远东文明和远东艺术各自独立的发展历程中，中国园林处于中间地带，对于这一领域的研究曾经甚少。因此，最早期的中国园林荒草丛生，水流干涸，之后又被农田覆盖。于是，对此的研究经常会走很多弯路，且很难形成一条清晰的初始线索，能够反映设计者艺术构想的园林小径、水流河道及各种各样的设施也难以辨别。

　　我分别于1922年、1929年和1935年待在远东，然而让我勇于涉足中国园林这个领域，并保持热情的正是那些独具魅力的美好回忆。我现在正在做的工作并不是前期系统研究的成果展示，也不是受科学探索的野心直接驱使所致，而仅仅是想重拾我早年在远东的记忆，那些我保存多年的鲜活的人生经历，那些在北京的公园和苏州的园林里漫步休憩的过往。常常猛然间清晰映入脑海中的，不是组成那些园林的一个个规整的部分，而是作为整体的一种印象，一种氛围，或者说一种感受。中国园林的自然韵味与生俱来，肆意蔓延，历经岁月的侵蚀洗礼，精美的装饰多半已脱落，但仍然流露出一种盎然的生活情趣。

　　幸运的是，徜徉于中国园林之中时，我并未忘记携带我的相机。这架相机作为我的老朋友已跟随我40多年，游历过世界各地。它是个无价之宝，能够抓取瞬间的印象及事物内在的美，就像训练有素的观察者偶然间用笔触画出灵感一样。正是得益于这些照片，我才能够开展工作。这些照片以视觉的形式直接体现出来，能够传达之前的文字作品所不能表现的东西，这对于本领域来说尤为重要。因此，相机对于作家来说是个非常重要的辅助工具，在本书某些部分的成文过程中起到了决定性的作用。

　　接下来的工作分为两部分：一部分是分析，另一部分是描述。分析的部分构成正文的基本内容，如中国园林的基本特征、组成部分等；而描述的部分则侧重于装饰部分的历史性介绍和形象描绘，以及它们对于当地人的特定意义。这两部分工作显然都是零碎的，且只是挑重要的、代表性的园林进行介绍，而不是对一些私家园林或皇家园林进行详细描述，因为无论单独介绍哪一座园林都能独立成书。作为本书第二部分的引子，我专门写了一章叫作"文学和绘画中的园林"，此章运用了很多历史材料，也引用了很多中国古代文人的文章。

有关此话题的偏艺术性的论述,《园冶》这本书前几章的摘要部分多有涉及。这是一本关于园林的重要专著,成书于明朝末期。据我所知,这是目前此领域的唯一一本专著,而且它的成书目的主要是在实践中指导园艺规划。书中还有从美学角度所作的见解和评论,由此可以深入了解中国人的艺术追求,了解中国园林爱好者的所作所为,以及他们与大自然亲密和谐的无法分割的相处模式。其他有关这方面的中文书籍相对来说没有那么重要,不过我也从中采集了很多照片和历史资料,在正文和参考文献中都或多或少提到了这些书的一些细节。与此相关的西方书籍数量很少,但也扩充了我的参考书目数量,我在正文和参考文献中也都提到了它们。

一般来说,作者在前言中需要重点致谢的人应该包括:专业研究人士、慷慨相助的朋友,以及在写作过程中多多少少帮助(至少没有反对或抵制)过自己的人。但是一串这样的名单对于西方读者来说并无多大用处,就算在中国,他们中的大多数也许已被遗忘。因此,我仅给自己列一个要感谢的名单,感谢这些帮助过我的默默无闻的中国人。如果这本书能够送到他们的手上,希望它能表达出我对中国传统园林艺术的敬意和钦佩。仅有的两位生活在瑞典并能偶尔和我讨论、修正我书写内容的,是著名的园艺专家艾玛·伦德伯格女士和艾瑞克·伦德伯格教授。他们丰富的学术经验和深厚艺术修养,在很多方面都给了我莫大的支持和引导。在园艺方面能有这样的朋友,真是一大幸事。

一定要感谢我的译者——唐纳德·伯顿先生,他不遗余力地把我的瑞典语版本翻译成了英文。

还要感谢很多朋友在我挑选插图的时候提供了很多有意思的资料,这里要特别点名致谢华盛顿弗利尔美术馆的馆长温莱先生、斯德哥尔摩民族学博物馆的格斯塔·蒙特尔博士,以及纽约的卢先生。

喜仁龙

1948 年 7 月于瑞典利丁厄

第 一 章

中 国 园 林 —— 自 然 主 义 的 艺 术 品

中国园林，是一种独具特色的园林景观，与世界上大多数的园林相比更具想象力和创造性，或者说，更具艺术性。中国的园林并不是对自然的简单复制，既不单纯机械地依赖于已有的自然景致或山水构图，也不采用简单粗暴的方式对其进行大规模深度改造。中国人对于自然的深刻感受潜移默化地影响着他们的艺术思维和观念，然后通过园林这种形式表达出来。中国园林的意象塑造有着惊人的魅力和如画般的美感，这使其鹤立于世界园林之林，但这种意象也会随着复杂的人工造景的增加而减少。难以理解的是，中国园林鲜有统一的规划设计。如此造成的最好结果便是，中国的园林都有一种随性的艺术节奏。

这种自然主义的园林，在描述和分析的时候就不能一概而论。中国园林不同于遵循几何构图的欧洲园林和千篇一律的日本园林，最基本的特征就是规避正规化的分析。究其原因，更多的是出于其构成要素及周遭环境强化激荡出来的自然韵律，而不是自身内部的布局设计和布景安排。描绘清楚这种自然氛围下的各种元素不是一件容易的事情，比如那些镂空的石头造就的生动斑驳的影子、轻缓的水流节奏、肆意盛开的可爱娇美的莲花，更不用说那些少数会随着时间和季节的变化而变化的组成元素。这有些难以置信，其实无非依循大自然无常的变化本质。越是荒草丛生，这些构成元素越能冲破限制和束缚，从而主控整个园林。我们见到的大多数中国园林正是这种自由放纵的状态。

这并不是说中国园林没有任何设计规则和典范，只是不像欧洲在园艺发展历程中，形成了步调一致的一系列发展阶段。据了解，中国园林与无拘无束的大自然保持了更为亲密的联系，而其出人意料的不规则造型也更能激发观赏者的想象力，而非理性思考。但无论这些感受和想象有多重要，都不能成为一项综合调查的基础。调查研究必须建立在更为实在的要素之上，比如中国园林的设计者们是怎样工作的，他们遵循的普遍原则是什么，等等，直到能够判断并记住这些东西在远东的重要性。

需格外注意的一点是，中国园林艺术与绘画艺术息息相关。在很大程度上，正是那些伟大的画家铸造了典型的中国园林。那些激发他们灵感的想法和在他们的绘画作品中展现出来的一样。中国的园林和中国的山水画一样极为优秀，其中山和水都是最重要的组成部分。其次是树木、花草以及各种各样的装饰性建筑。所有的构成部分都是平面安排的，如蜿蜒的小径、封闭的围墙、桥梁以及栏杆。（参见 130 页，图 2）

研究中国园林绝不能像研究规范的花圃一样，从一个特定的点开始，然后全面展开。中国园林由大大小小的独立景观组成，尽管它们一个接一个构成统一的整体，但仍然要循着观赏者的脚步一点点地发掘它的美。沿着迂回曲折的小径，越过山石湖泊，穿过暗道连廊，稍作休憩，对着缓缓流过古旧石桥的流水略作沉思，然后或终将抵达一个未经雕饰的石亭，登上阶梯，站在高处，展现在眼前的将是林间的一处迷人景致。（参见 132—133 页，

图4—图5）这些景致常见常新，越深入观察就越会发现其美妙之处采撷不尽，这种源自未知的诱惑力也使其永葆神秘魅力。这种享受类似于鉴赏一幅长卷轴的画卷。随着连续景致的展开，鉴赏者一再被画家构造出的理想世界所吸引，并随着画面的转变越来越深入其中，不能自拔。当然，将山水画和园林构图区分开来并非难事，它们毕竟是完全不同的两种艺术形式，各自的表达媒介也有非常大的区别。但是这种对两者的比较是非常有意义的，因为这样做可以阐明中国人的构图喜好。（参见130—131页，图1—图3）要总结对中国园林的印象，第一个难题就是中国的疆域实在是太辽阔了，南北的气候和植被差别很大。要说设计原则，广州的园林和北京的显然不同，就像建在河边的园林肯定不能复制到山上去一样。气候的不同造就了多样的环境，也形成了不同的园林类型和不同的实用目的，这样的差异简直无穷无尽。我们只集中讲述某些主要的园林类型，它们从古代起就流行于中国。

和其他国家一样，中国的园林也分两种：城镇园林和乡村园林。但这两种园林在中国的重要程度和西方国家不同。城镇园林种类更多，也更为富丽堂皇，其地理位置跟我们的相比往往更为优越，至少比中世纪以后的地段好。在中国，越是富裕贵气的大城市，越是有一些明确的特征，极容易便与小城镇区分开来。它们周遭设有大农场、漂亮的园林，储备有丰富的蔬菜，还有充足的水源，当然这些资源大多数情况下都被围墙封闭了起来。这些园林本就不为外界所造，而仅仅是为了园林主人及其家人和朋友而设。实际上，园林就是他房产的一个重要组成部分。（参见135页，图7）所以，园林的日常图景、设计安排以及魅力都只能被少数人所见。无论是围墙里的一棵柳树，还是几块大石头（参见136页，图8），抑或布置有水塘、亭阁、假山、曲折小径的大片园林用地，都是园林主人宅邸的自然拓展，似在邀请人们游玩、休息和冥思。一般来说，园林里要有凉亭或者厅堂，其用途不仅是供人们喝茶、用餐，还用来赏花、邀月、弹琴、作诗，又或谈理论道。文人雅士们的上述日常追求多半都在园林中进行，而非室内。在中国，室内室外的活动不像我们区分得那么明确。要解释这一点，不能仅仅归因于中国大部分地区相对温和的气候，无疑应归结于中国人那不同寻常的与自然的亲密关系，后者已成为中国人性格的一部分。他们倾听自然声音、感受自然心跳的方式与我们截然不同。园林对于他们的意义要远大于我们。

为了更深入地观察中国园林的传统构造和规划，需要特别注意古老园林中建筑和山水风景的结合。有两幅画可以很好地阐明这一点，这两幅画分别描绘了北京一座著名的古老园林——半亩园的不同部分。半亩园是明朝末年的李笠翁（李渔）设计，后在11世纪早期归清朝贵族完颜麟庆所有。李笠翁监修了半亩园的水道，完颜麟庆做了插图绘本《鸿雪因缘图记》[①]。

①《鸿雪姻缘图记》共分三集，每集分上下两卷，一事一图，一图一记。由完颜麟庆撰写，旺春泉等绘图。——译者注

有一幅画描绘的是画家及其妻女坐在连廊上，面向园林，画面中可以看到镂空的石头、小树林，还有水塘边似在倾诉的一棵柳树。通过画面内容，可以判断这是一个早春时节的节日，还可以看到一些皇室的活动。画中的人们坐在连廊边上欣赏抽芽的树木、信步嬉戏的孔雀以及炫目舞动的苍鹭。整个场景是如此柔和完整，观者从中感受到的就是和谐，自然与建筑的统一，人与动物的共生。

另一幅画表现的是一个有天井的小院落，坐落在一个宽敞的厅堂前面。院落旁边衔接有一排排低矮的建筑。画面前景是一个小水塘，再前面是几株盆栽，还有一瓮莲花。树木以及与其相对的装饰性底座都是成双成对的。这种设计讲究的是绝对的对称性原则，但这种对称却被前景中一个巨大的涵洞形石头破坏了，这块石头的一部分遮挡住了树。这种对比效果显著，由于建筑都是敞开的，和自然之间所形成的空间处在极好的平衡之中，所以并不影响整体的和谐一致。

有些不可思议的是，中国园林里的建筑并不专门用来做隔断和围墙，而是融入不同的景致之中，作为观赏的亭阁、连廊、眺台使用。有些亭阁春季可以赏花，另外一些屹立于水塘中央的，夏季可以赏荷，还有些秋天可以赏菊。月朗星稀的夜晚，映照在白墙上斑驳的竹影也煞是美好，同样可以坐在亭子里观赏。这些亭台楼阁提供了可以置身室外的相对独立又适宜的空间，时而几声鸟叫蝉鸣，如梦似幻。（参见 138 页，图 12）

《园冶》这本专著中提到，生活在一个安逸优美的园林里，就算身处闹市，也能做名隐士。书中还说，这个园林最好偏居于城市中安静的一隅，关上门就能隔绝喧嚣。"片山多致，寸石生情；窗虚蕉影玲珑，岩曲松根盘礴。足征市隐犹胜巢居，能为闹处寻幽，胡舍近方图远。"

中国园林还有一个显著的特征就是，中国的学者和哲人都想在自家创造一个世外桃源，就像拥有真正的山川景致一样。因此，中国城市中园林的数量一向比乡村中的多，而且一直以来这种不均衡的比例还在不断上升，这也跟乡村的园林由于缺少保护而不断遭受各种毁坏有关。提到与园林相关的皇家夏季别苑，马上想到的就是位于海淀的颐和园。这座园林始建于乾隆年间，直到 19 世纪末期都主要是由满族和蒙古贵族占有和使用。所以直到 25 年前，它的保存状态还相对良好。在那里，可以看到满园的白牡丹，其周围搭建有供藤蔓附着的棚架，还有可供观赏这些景色的室外连廊。（参见 157 页，图 48）其他的院落里以及亭子、小丘之间散种着很多树，还有低矮灌木。（参见 138 页，图 12）在《园冶》这本书里，可以读到这样的段落："芍药宜栏，蔷薇未架；不妨凭石，最厌编屏。"这里也提到了用来赏春的亭子，还有其他用来避暑的亭子。下面这段话展现了此处景致的魅力："移竹当窗，分梨为院；溶溶月色，瑟瑟风声；静扰一榻琴书，动涵半轮秋水，清气觉来几席，凡尘顿远襟怀。"

中国人对于自然的感悟，最能通过设有山间草屋和碑亭的园林体现出来。中国的文人墨客特别喜欢为自己建造这样的房舍，并在诗文画作中加以描述。这种小型的隐士园林现在仍然可以寻到，但地理位置往往非常偏僻，除非主人邀请，否则很难找到。

要体味他们眼中自然的概念和意义，因为以此为主题的作品非常广泛。李玮的一幅贵族画（藏于波士顿美术博物馆）就属于这一种，画中描绘的是一座夏季别院，种满竹子的山脚阴凉处有大大小小的室外凉亭，连接它们的小路使山坡显得不那么陡峭，而山脚下则蜿蜒流淌着一条小溪。（参见 137 页，图 10）这里的景色非常具有浪漫气息。只将这些景物和建筑简单布置一下，视野便变得刚刚好，优美宜人。

有关这个主题的另一件更为常见的作品就是徐世昌的画作（藏于弗利尔美术馆）。这是一幅山水画作，其中"园地惟山林最胜，有高有凹，有曲有深，有峻而悬，有平而坦，自成天然之趣，不烦人事之工。"《园冶》在提到山林地时如是讲道。这种情况下，亭子一般位于陡坡脚下水流汇聚成小溪的地方。妖娆的树木掩映着优雅的房舍，而地上则用竹子砌成了一道篱笆。我们可以想象园林主人正躺在后面的亭子里休息。（参见 137 页，图 11）还有一些与此相关的插图是明朝以及清朝前期的作品，比如，热爱艺术的著名收藏家项墨林[1]的一幅充满田园气息的小作品，画中诗人的茅草屋位于山间溪流的岸边，旁有一个斜坡，其上大半被树木覆盖。他陪一位友人同坐，一起欣赏风景。前景中客人则在侍从的陪伴下走向石桥。树荫下的大亭子旁边是一个小草屋，一个仆人正在备茶，草屋对面是用板条篱笆围起来的一片果树林，里面种着芭蕉。草屋后面的山坡上也种着果树，但在早春时节还光秃秃的。（参见 139 页，图 14）也正是这个季节，诗人们最喜欢来山间踏青，以（中国人称之为）"润泽心灵"。

高凤翰[2]的一幅描绘菊园的画作拥有与上幅画作相似的主题，只是色调较为阴冷孤寂。画中的菊园位于一个粉刷成白色的茅草屋前，屋后的树木枝条很多，都光秃秃的；前景中石间的竹林却都是新鲜翠绿的。屋门敞开着，可以看到屋里有一张桌子，还有些矮凳，整个屋子显得空荡且静寂。屋主人在园中，正斜倚在菊园高高的竹架子上。虽然这幅画描绘的是自然风景，是画家隐居在山间的家，但他心中所想的一定是那个 5 世纪的诗人陶渊明。陶渊明酷爱在闲暇时种菊赏菊，人们因此而喜欢他怀念他。（参见 139 页，图 15）

那些无力在山间美景和清新的空气中修建自己的亭台楼阁的人，就选择把自己的休憩之处建在离自己最近的平地上的水道下游。描绘这种园林的绘画作品自宋代开始就有

---

[1]项墨林（1525—1590），浙江嘉兴人，原名项元汴，号墨林，明代收藏家、鉴赏家。——译者注
[2]高凤翰（1683—1749），山东胶州人（今青岛胶州市），"扬州八怪"之一，清代画家、书法家、篆刻家。——译者注

很多，如 11 世纪末画家赵大年的画卷（私藏于日本）。画中有一个开放的凉亭，两个老人坐在里面沉浸在风景之中，他们欣赏的是河中伸展出来的一小片低洼的地，地里满是竹林，竹林中立着一只青铜花瓶。河流下游种有开花的灌木，可能是芍药，还有些阔叶树，不过以竹子为主。潮湿的空气像薄雾一样笼罩着凉亭，但是河上的景色还是清晰的。（参见 140 页，图 16）这令人想到《园冶》中也有关于这种花园的描述：

　　"江干湖畔，深柳疏芦之际，略成小筑，足征大观也。悠悠烟水，澹澹云山；泛泛鱼舟，闲闲鸥鸟。漏层阴而藏阁，迎先月以登台。拍起云流，觞飞霞伫。"

浙江山阴的兰亭，《鸿雪因缘图记》中的木版画

　　这种用来修习和沉思的小亭子非常多，不胜枚举。它们可以建在各种各样的环境之中，周围还可以种满各种树木、竹子和花朵。如果按不同的主题进行细致的描述，那需要花费太长时间与大量篇幅了。

　　所有这些画作都向我们展示了中国园林的主要形态。它们展现了热爱自然的中国文人和诗人所建造的婉约动人的园林样式。当然，城市中的园林和乡村中的各有不同，更不要说皇家园林了。19 世纪初完颜麟庆所著的《鸿雪因缘图记》中的一些画则展示了中国园林对于自然的普遍认知，以及大型园林的一些组成部分。17、18 世纪最有名的此类园林是位于无锡的寄畅园。这里的山、树、茶都被给予了高度评价，而水则被乾隆皇帝御封"天下第二泉"。（参见 140 页，图 18）康熙皇帝和乾隆皇帝都喜欢来这里游玩。从木版画上可以看到，这个园林有一个面积相当大的湖，这个湖又被几座桥分成几条深湾、支流。湖的远处有一座漂亮的奇石搭成的岛。湖滨处在远景中，湖岸弯弯斜斜的。画面的一边是宅第，有坡度较缓的台阶；另一边是由湖水冲积而成的有深刻纹路的岩石，细细的小径消失在石缝之间。最高的台阶上立有树木和凉亭。园林中树木繁多、种类多样，有高高的松树，还有各种落叶树，以及一丛丛的竹子。整个画面看起来都极美，而且真实的景致一定会比画中展现的要多得多。

　　另一座经常被提起的园林是浙江山阴的兰亭，完颜麟庆也提到并描述过它。它之所以出名是因为 4 世纪中期王羲之的名作《兰亭序》，这份原稿一直被认为是中国书法界的

巅峰之作。兰亭也成了中国书法爱好者的朝圣之地，现已被保护起来。康熙皇帝在其旧址废墟之上建了一座新的亭子，并亲手抄撰了一份《兰亭序》，命人刻在石碑上立于旁边。亭子前面的砚池（据说是王羲之洗笔之地）、枝叶繁茂的树，以及浓密的竹林在木版画上都清晰可见。还能看到完颜麟庆提到的被墙围住的如画般的园林，以及园林中的山、池、树、亭，这些都和背景中连绵的山脉遥相呼应。

康乾年间位于南京的随园并没有那么有名，但年代也非常久远。1757年，它成为诗人袁枚的私产，并得以翻新，袁枚自号"随园主人"。随园不够简洁明快，非常符合主人那细腻多思的诗人气质。园中最有名的是茂盛的竹林，而且园中所有的树都是能开花的。这里种有上百棵李树、十几棵桂树。清风拂过，一片桂香。夏天的时候可以在竹林中穿行散步，看竹子随风摇摆；冬天则可以在装有玻璃窗户的连廊中静静欣赏被雪覆盖的壮观山色；春秋时节还有其他的宜人景色可供观赏。此处水源丰富，据说水流直通宅子里面。在画里可以看到一片湖，碧波翻涌，蜿蜒荡漾。泥土岸边种着垂柳，还有连接不同湖岸的几座桥。画面中并未展示清晰的水流方向和分布情况，也没有大量的建筑，但是却展现了令人迷醉的风景，包括蜿蜒曲折的岸边那不规则的繁茂竹林。（参见140页，图19）这些画作进一步向我们传达了一个信息，即中国园林的设计者们尽量避免任何形式的死板或对称性安排。

有关这方面的信息，需要着重注意的一点是设计蓝图中有关运动和变化的创意，也就是小径和水道的走向。同时，山、建筑和植被给园林造就了更多立体感，也使得光影效果更加美妙。像我们看到的一样，中国园林中的道路遵循的是不规则的环形设计，形成了波浪般的线状结构。但这些道路并不像在欧洲仿造的中国园林中一样只起装饰性作用。从克拉夫的描摹中可以看到，北京城外的一个园林的水道是设计成S形的，然后在很多地方出现分叉，变成两条线路，随之环绕起一些小岛和建筑。整个路径独具创意，不成规则，向不同的方向聚拢或穿行。然其并没有过多的转弯点，只是整个呈曲线状，且互相之间没有交叉重叠，其显著特征就是柔和而无穷尽。看到这样的图纸，大概就会理解《园冶》的作者大胆的比喻："路类张孩戏之猫。"这些优雅婉转的小路似乎在邀请人们进行一场永无尽头的漫游。同样，地面上也依规矩挖掘水塘，用石头筑起凉亭等建筑。

无论你怎样看待这些园林道路，都必须承认它们的优点，即其"内涵"很少用直线的方式进行传达。因此，逛这些园林的时候不能急急忙忙的，而要当成一种享受，不必费劲儿地寻找出路。完颜麟庆画的安徽徽州与春亭则表现了一种非曲线的园林道路的情况，它们按照一定的规则形成一定的角度，或者呈"之"字形。这些路铺有粗糙的鹅卵石，沿着折线从凉亭一直到城墙脚下的缓坡上。用来铺路的石头都是起装饰作用的，路径的版式也都是计算好的，和建筑物的装饰小径相连接。在研究园林建筑的时候便可一探究竟。

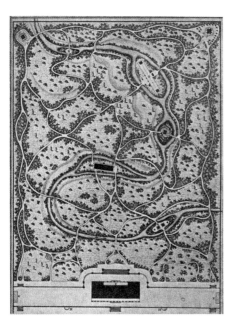

北京城外的一座中国园林的设计图。刊于克拉夫的《园林设计：如画美景》，1810 年出版[1]

桥的设置往往延续路的节奏，或者将其设计成高高的弓形，或者呈"之"字形。后者非常常见，尤其是需要把水中的亭子和岸边连接起来的时候，就建造这样"之"字形的木桥。有时候这种桥是石头砌成的，这在苏州的古老园林中可以见到。其他的桥则或将连廊连成环形的一体，或将各种水景连接起来，比如连接溪流、运河以及弯弯的水湾等。（参见 141 页，图 20）

设计园林必不可少的一点是对于地形的运用，包括如何安排山石台阶，在哪里挖池建湖，怎样安置山洞暗道等，这些将单独列一章进行讲述。《园冶》在很多章节里都提到了这类工作，比如在哪里修筑湖泊水塘。下面这一段可以作为例证：

成径成蹊，寻花问柳。临池驳以石块，粗夯用之有方。结岭挑之土堆，高低观之多致。欲知堆土之奥妙，还拟理石之精微。

徽州与春亭，可以看到连接防御城墙的铺着鹅卵石的路

显然，要尽其所能地去仿造，或者借景搞些创意（下文中有所涉及），如此使山林焕发灵动。砌土在连接、巩固景致中起到很重要的作用，但中空的岩石才是使山景变得有趣的要素。也正是通过这些，自然的野致和力量才得以渗入想象，进入园林。（参见 150 页，

①克拉夫：《园林设计：如画美景》第二卷，巴黎出版，1810 年，第 95—96 页。关于此画的描述如下：画中的园林距离北京有 45 法国古里，园主人是一名官员，斯通贝先生是这个园林的园丁，在这里住了好几年，这幅画就是由他绘制而成的。

图 34）这就是园林的功用所在，即作为替代品把梦境中的美好景色带进现实。这些美景常以中国水墨画的形式表现出来，却很少存在于这个蒙尘的真实世界里。正因为它们是如此自然、充满野性，中国园林的设计规范才充满弹性。

在这一点上需要指出的是，尽管《园冶》给出了很多关于园林设计和构造的原则与说明，但在最终章中，作者强调，园林艺术最关键的并不是按章设置，而是把握自然的脉搏，也就是绘画艺术中的"气韵"。在给出了一系列实用的建议之后，作者这样写道：

> 构园无格，借景有因。切要四时，何关八宅。林皋延伫，相缘竹树萧森；城市喧卑，必择居邻闲逸。高原极望，远岫环屏，堂开淑气侵人，门引春流到泽。嫣红艳紫，欣逢花里神仙；乐圣称贤，足并山中宰相。《闲居》曾赋，芳草应怜。扫径护兰芽，分香幽室；卷帘邀燕子，闲剪轻风。片片飞花，丝丝眠柳。寒生料峭，高架秋千，兴适清偏，怡情丘壑。顿开尘外想，拟入画中行。林阴初出莺歌，山曲忽闻樵唱，风生林樾，境入羲皇。幽人即韵于松寮，逸士弹琴于篁里。红衣新浴，碧玉轻敲。看竹溪湾，观鱼濠上。山容蔼蔼，行云故落凭栏；水面鳞鳞，爽气觉来欹枕。南轩寄傲，北牖虚阴。半窗碧隐蕉桐，环堵翠延萝薜。俯流玩月，坐石品泉。芰衣不耐凉新，池荷香绾；梧叶忽惊秋落，虫草鸣幽。湖平无际之浮光，山媚可餐之秀色。寓目一行白鹭，醉颜几阵丹枫。眺远高台，搔首青天那可问；凭虚敞阁，举杯明月自相邀。冉冉天香，悠悠桂子。但觉篱残菊晚，应探岭暖梅先。少系杖头，招携邻曲。恍来临月美人，却卧雪庐高士。云冥暗暗，木叶萧萧。风鸦几树夕阳，寒雁数声残月。书窗梦醒，孤影遥吟；锦幛偎红，六花呈瑞。棹兴若过剡曲，埽烹果胜党家。冷韵堪赓，清名可并。花殊不谢，景摘偏新。因借无由，触情俱是。
>
> 夫借景，林园之最要者也。如远借，邻借，仰借，俯借，应时而借。然物情所逗，目寄心期，似意在笔先，庶几描写之尽哉。

作为我笔记的补充，就中国园林的普遍特征和部署构造等问题，我把《园冶》书中最为重要的相关章节，以及其中有关园林的不同选址等问题都列在这里。《园冶》的语言多为艺术性的四字或六字句，简明扼要，但往往也语意委婉，不易领会。尽管如此，对于历史材料的兴趣仍然能成为我翻译的充足动力。

作为介绍的一章叫作"园说"（对于园林的总体论述），包括对于园林中自然元素和重要主题的总体看法。第一章叫作"相地"（选择合适的园址），根据选址的不同分为六个小节：山林地、城市地、村庄地、郊野地、傍宅地和江湖地。第二章叫作"立基"（打地基），主要讨论建筑施工。以下是介绍章、第一章及其六个小节。

〖 园说 〗

凡结林园，无分村郭，地偏为胜，开林择剪蓬蒿，景到随机，在涧共修兰芷。径缘三益^①，业拟千秋，围墙隐约于萝间，架屋蜿蜒于木末。山楼凭远，纵目皆然；竹坞寻幽，醉心即是。轩楹高爽，窗户虚邻，纳千顷之汪洋，收四时之烂熳。梧阴匝地，槐荫当庭^②。插柳沿堤，栽梅绕屋。结茅竹里，浚一派之长源；障锦山屏，列千寻之耸翠。虽由人作，宛自天开。刹宇隐环窗，仿佛片图小李^③；岩峦堆劈石，参差半壁大痴^④。萧寺可以卜邻，梵音到耳；远峰偏宜借景，秀色堪餐。紫气青霞，鹤声送来枕上；白蘋红蓼^⑤，鸥盟同结矶边。看山上箇篮舆，问水拖条枋杖。斜飞堞雉，横跨长虹。不羡摩诘辋川^⑥，何数季伦金谷^⑦。一湾仅于消夏，百亩岂为藏春？养鹿堪游，种鱼可捕。凉亭浮白，冰调竹树风生；暖阁偎红，雪煮炉铛涛沸。渴吻消尽，烦顿开除。夜雨芭蕉，似杂鲛人^⑧之泣泪；晓风杨柳，若翻蛮女之纤腰。移竹当窗，分梨为院。溶溶月色，瑟瑟风声。静扰一榻琴书，动涵半轮秋水，清气觉来几席，凡尘顿远襟怀。窗牖无拘，随宜合用；栏杆信画，因境而成。制式新翻，裁除旧套；大观不足，小筑允宜。

一、相地

园基不拘方向，地势自有高低。涉门成趣，得景随形，或傍山林，欲通河沼。探奇近郭，远来往之通衢；选胜落村，藉参差之深树。村庄眺野，城市便家。新筑易乎开基，只可栽杨移竹；旧园妙于翻造，自然古木繁花。如方如圆，似偏似曲；如长弯而环璧^⑨，似偏阔以铺云。高方欲就亭台，低凹可开池沼。卜筑贵从水面，立基先究源头，疏源之去由，察水之来历。临溪越地，虚阁堪支；夹巷借天，浮廊可度。倘嵌他人之胜，有一线相通，非为间绝，借景偏宜；若对邻氏之花，才几分消息，可以招呼，收春无尽。架桥通隔水，别馆堪图；聚石垒围墙，居山可拟。多年树木，碍筑檐垣；让一步可以立根，研数桠不妨封顶。斯谓雕栋飞楹构易，荫槐挺玉

---

① "三益"这个说法来源于孔子，陶渊明用来指称三种类型的朋友。
② 槐荫指梧桐和槐树。
③ 小李，即李昭道（670—730）又称"小李将军"，与其子李思训并称为"大小李将军"。这是画道上的称呼。
④ 大痴是著名山水画家黄公望的别名。
⑤ 蘋、蓼是两种草本植物。
⑥ 王维（约692—761，另有说王维生卒年为公元701-761），字摩诘，号摩诘居士，辋川别业的主人。辋川别业是一座非常秀美的园林，王维在诗中（《辋川别业》）赞美它，并在一幅著名的画中（《辋川图》）描绘过它。
⑦ 石崇，字季伦，公元300年被杀。石崇是当时中国最富有的人，也是极具传奇性的园林金谷园的主人。
⑧ 根据《述异记》中普遍的解释，鲛人是一种人鱼，眼泪似珍珠。
⑨ 环璧是一种圆形礼器的名字，一般用玉制成。

成难。相地合宜，构园得体。

（一）山林地

园地惟山林最胜，有高有凹，有曲有深，有峻而悬，有平而坦，自成天然之趣，不烦人事之工。入奥疏源，就低凿水，搜土开其穴麓，培山接以房廊。杂树参天，楼阁碍云霞而出没；繁花覆地，亭台突池沼而参差。绝涧安其梁，飞岩假其栈。闲闲即景，寂寂探春。好鸟要朋，群麋偕侣。槛逗几番花信，门湾一带溪流，竹里通幽，松寮隐僻，送涛声而郁郁，起鹤舞而翩翩。阶前自扫云，岭上谁锄月。千峦环翠，万壑流青。欲藉陶舆，何缘谢屐①。

（二）城市地

市井不可园也，如园之，必向幽偏可筑，邻虽近俗，门掩无哗。开径逶迤，竹木遥飞叠雉；临濠蜒蜿，柴荆横引长虹。院广堪梧，堤弯宜柳。别难成墅，兹易为林。架屋随基，浚水坚之石麓；安亭得景，莳花笑以春风。虚阁荫桐，清池涵月。洗出千家烟雨，移将四壁图书。素入镜中飞练，青来郭外环屏。芍药宜栏，蔷薇未架，不妨凭石，最厌编屏。束久重修，安垂不朽？片山多致，寸石生情。窗虚蕉影玲珑，岩曲松根盘礴。足徵市隐犹胜巢居，能为闹处寻幽，胡舍近方图远？得闲即诣，随兴携游。

（三）村庄地

古云乐田园者，居于畎亩之中；今耽丘壑者，选村庄之胜。团团篱落，处处桑麻。凿水为濠，挑堤种柳。门楼知稼，廊庑连芸。约十亩之基，须开池者三，曲折有情，疏源正可；余七分之地，为垒土者四，高卑无论，栽竹相宜。堂虚绿野犹开，花隐重门若掩。掇石莫知山假，到桥若谓津通。桃李成蹊，楼台入画。围墙编棘，窦留山犬迎人；曲径绕篱，苔破家童扫叶。秋老蜂房未割，西成鹤廪先支。安闲莫管稻粱谋，沽酒不辞风雪路。归林得意，老圃有余。

（四）郊野地

郊野择地，依乎平冈曲坞，叠陇乔林。水浚通源，桥跨横水，去城不数里，而往来可以任意，若为快也。谅地势之崎岖，得基局之大小；围知版筑，构拟习池②。开荒欲引长流，摘景全留杂树。搜根惧水，理顽石而堪支；引蔓通津，缘飞梁而可度。风生寒峭，溪湾柳间栽桃；月隐清微，屋绕梅余种竹。似多幽趣，更入深情。两三间曲尽春藏，一二处堪为暑避。隔林鸠唤雨，断岸马嘶风。花落呼童，竹深留客。任看主人何必问，还要姓字不须题。须陈风月清音，休犯山林罪过。韵人安褦，俗笔偏涂。

①谢灵运，5世纪早期的诗人和旅行家。他喜欢和同道中人一起游山玩水。据说，他经常穿一种木质有齿的凉鞋，上山的时候拿掉前齿，下山的时候拿掉后齿。由此，"谢屐"就成了爬山的代名词。
②习氏是晋朝名门，家财万贯，拥有精美的园林，坐落在湖北襄阳附近，尤以其高阳池闻名于世。

（五）傍宅地

宅傍与后有隙地可葺园，不第便于乐闲，斯谓护宅之佳境也。开池浚壑，理石挑山，设门有待来宾，留径可通尔室。竹修林茂，柳暗花明。五亩何拘，且效温公^①之独乐；四时不谢，宜偕小玉^②以同游。日竞花朝，宵分月夕^③。家庭侍酒，须开锦幛之藏；客集征诗，量罚金谷^④之数。多方题咏，薄有洞天。常余半榻琴书，不尽数竿烟雨。涧户若为止静，家山何必求深？宅遗谢朓^⑤之高风，岭划孙登^⑥之长啸。探梅虚蹇，煮雪当姬。轻身尚寄玄黄，具眼胡分青白^⑦。固作千年事，宁知百岁人。足矣乐闲，悠然护宅。

（六）江湖地

江干湖畔，深柳疏芦之际，略成小筑，足征大观也。悠悠烟水，澹澹云山，泛泛鱼舟，闲闲鸥鸟。漏层阴而藏阁，迎先月以登台。拍起云流，筋飞霞伫。何如缑岭，堪谐子晋^⑧吹箫；欲拟瑶池^⑨，若待穆王^⑩侍宴。寻闲是福，知享即仙。

---

① 温公，著名史学家司马光（1019—1086），逝后被尊称为温国公。
② 小玉，可爱的女子名，可能是司马光的夫人。
③ 传统上认为，每年二月十二（大概是春分的时候）是花的生日；而中秋节则是每年的八月十五。
④ 石崇的金谷园为日后的节令论诗设定了一定的标准。
⑤ 谢朓，5世纪的杰出诗人，出身于贵族家庭。
⑥ 孙登，3世纪末的归隐哲人。有一次，道家隐士阮籍来拜访他，他只是笑，不说话。但等阮籍离开后，走到半山腰，就听到孙登如百凤齐鸣般的啸声充溢于山野林谷之间。
⑦ 阮籍（210—263），一个执拗坚定的诗人、音乐家。惯于白眼蔑视礼法名教。但是嵇康带着酒和琴来拜访他的时候，他便大喜，马上由白眼转为青眼。
⑧ 王子乔，字子晋，传说生活在公元前5世纪。属道家神仙体系，擅吹笙。他曾经骑白鹤在缑山出现，然后突然就消失升天了。
⑨ 瑶池，神仙居住的地方。
⑩ 穆王，周朝的第五代君主，约公元前9世纪统治中国。他是非常有名的传奇人物。

第二章

山 水

可以确定的是，无论何时何地，水都是园林中最为重要的一个构成部分。但在中国园林里，水的利用程度之高、手法之巧，在世界上首屈一指。多数情况下，水作为真正意趣的表达手段，用于烘托气氛和营造意境。与我们不同的是，中国人对水的重要性的认识源于道家的自然哲学思想。他们认为，无论是看得见的江河，还是看不见的地下水，都是地球的血脉，而山川则是地球的骨骼。在中国人眼中，地球以及其他的星球都和人体一样，是由很多不同的部分组成的活生生的有机体。而艺术家的任务就是创造性地用抽象或者具体的方式，利用这些不同的组成部分来表达生活。他们的表达工具可以是画笔、水墨，也可以是自然中的事物。因此，无论从实际意义上还是象征意义上讲，水都能赋予园林以生命。尤其是当水干涸时，我们能明显地感受到，园林的脉搏停止了跳动。

《园冶》中多次提到，园林的建造位置应该选在水源便于的地方，比如"立基先究源头，疏源之去由，察水之来历"；我们也能读到，水应该通过河床、溪流等渠道进行引导；又如书中提到"断处通桥"。在一个占地十亩（大约 50000 到 70000 平方英尺）的园林中，"须开池者三[1]，曲折有情，疏源正可；余七分之地，为垒土者四，高卑无论，栽竹相宜"。不过，很多时候，湖泊和水塘会占据相当大的面积。钱伯斯在做如下叙述时并未夸张[2]："只要条件允许，大型园林（如皇家园林）的每一个山谷都有其自己的溪流，环绕山脚流淌，然后汇入大河或者湖中。"这些资料数据，或多或少都被古代的苏州园林和北京的古代皇家园林所证实。其中，圆明园拥有最为丰富的水源，也最为壮阔华美。

中国园艺师赋予了水多层次的意义，钱伯斯对此也进行了恰到好处的评论。在人们频繁光顾园林的季节里，水能够给人清新舒服的感觉，并且能够作为源泉，便于和其他的景致相结合，唤起人们内心不同的情绪和感受。然而，要达到这样的效果，必须赋予水纯粹美学的欣赏价值。钱伯斯接下来写道："他们将清澈的湖泊比喻为一幅意境丰富的画作，其与周围的一切都达到了完美的融合。也就是说，可以通过这一汪水瞥见整个世界。通过这片水，你可以感受到另一个太阳，另一片天，另一个宇宙。"

这样的论断并不是简单的基于纯粹的想象，这一点也得到了《园冶》的证明，因为《园冶》中有类似的看法。《园冶》认为，水塘对于诗意氛围的形成至关重要。"立基"一章中写道："曲曲一弯柳月，濯魄清波；遥遥十里荷风，递香幽室……池塘倒影，拟入鲛宫。"

---

[1]大部分水塘是直接在地面上挖的，但也有一种是用石头砌成的。至于后一种，在《掇山》一章中这样描述："山石理池，予始创者。选版薄山石理之，少得窍不能盛水，须知'等分平衡法'可矣。凡理块石，俱将四边或三边压掇，若压两边，恐石平中有损。如压一边，即鳞稍有丝缝，水不能注，虽做灰坚固，亦不能止，理当斟酌。"
[2]钱伯斯：《东洋园艺论》，伦敦，1757 年。

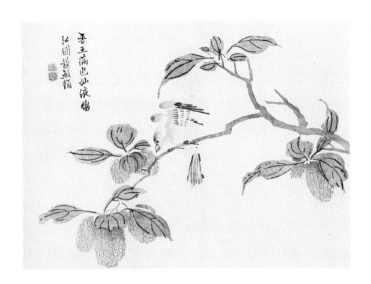

荔枝。荔枝果子和翠鸟。依据吴元瑜（1050—1105）的画而作的木版画

这些简短精练的叙述勾起了我对中国园林清晰的回忆。特别是在夏天,池中开满莲花,高高的树上枝叶摇曳。简而言之,水对于气氛的营造是极为重要的,其与幻化的光影和晃动的画面相映成趣,叠加构造成色彩斑斓的印象派风格。从短小的句子中也能体会到韵味悠长,如"一派涵秋,重阴结夏"。末了,作者附加了一个非常实用的建议:"疏水若为无尽。"我们已经在一些古老中国园林的插画中看到了这一原则的应用,并且可以看到大大的 S 形的溪流走势。仅从一处随意一瞥是看不清这种水流的全貌的。这一原则也应用在水塘湖泊的建造上,于是它们有了凹凸有致的蜿蜒湖岸,还有细长的水湾及水湾上架设的桥梁。

现存园林中对水运用最为广泛也最为巧妙的就是北京的"海"——北海、中海、南海（自圆明园被毁之后）(参见 143 页,图 23),最能体现水的重要性。它的水来自北京西边约 15 公里处山脚下的玉泉。(参见 143 页,图 22)在这里,这些水不仅填满大片的湖泊,还形成了小型的洼池,以及装饰性的水渠。在南海中看到的流杯亭(亭中设有酒杯可以浮动并停留其上的水渠)就属于这种类型,亭子旁边有巨型镂空石头围成的水塘。(参见 144 页,图 25)去这个亭子需要经过一座桥,桥下流经一个环形的水渠,流杯亭里的水就是从这个水渠流过去的。从名字来看,这个亭子是为了比赛作诗而设,即当盛酒的杯子在水渠中流动时,停在谁的面前,谁就得赋诗一首。如果没有在规定的时间内做出一首诗,就要被罚,喝掉酒盅里的酒[①]。整个水塘以及水塘尽头的碑亭都笼罩在古老的苍天树冠之下。(参见 144 页,图 24)诗酒会虽已结束,但宁静安详的氛围却还在弥漫,似乎没有尽头。此情此景,也许就是《园冶》作者所说的"拟入鲛宫"吧。

①这种风俗在《园冶》中也有提及:"客集征诗,量罚金谷之数。多方题咏,薄有洞天。"

离这里不远的中海，有个万字廊（"卍"字廊），它有四个回廊，组成一个大的"卍"字，这些回廊也以相似的环形水渠相连。（参见 145 页，图 26）水道把建筑物隔开来已成定式，这出现在很多园林中。不过，这种装饰性环形水渠现多已不复它们之前的样子。特别是在北京，水源变少，且颇多阻塞，很多水塘水渠都已干涸，渐渐荒草丛生。由此，体现园林生命脉搏和变化的最重要的因素便也缺失了，更不用提与树影碑亭的呼应了。亭台原本应浮在水面上，现也只能裸露在本不应被人看到的石基上。脉搏已断，神秘的面纱便被扯开了。

在北京的皇家园林中，这种情况极为常见，但在水源丰富且覆盖面广的中国南方的长江流域，却是另外一番与此截然相反的景象。这里的水道很少干涸，因为有众多的地下水冒出来。很多地方的水流甚至会泛滥溢出，冲破河堤。所以很多树都会失去立足之地，只能探身悬在水面之上，这种情况在苏州和杭州的一些古老园林里常常会出现。这里的水源就跟两三百年前一样丰沛，而水面一如既往就像打磨过的镜面一样。（参见 146 页，图 29）因此，不管是倾斜的树，还是小岛上的凉亭以及桥、连廊，都映在水中成双成对，一个在上，一个在下。这些光影效果造就了一种梦境，光怪陆离，无法触摸。这些水还有独特的魔力，能够刺激植物的生长。尤其是在夏天，浮萍等盖满水面，水便不见踪影。不过即使看不见，你仍能感受到它。空气中弥漫着潮气，还有水中摇曳的花朵飘来的阵阵浓香，都提醒着游人水的存在。

需要指出的是，在中国的某些地方，还有日本，需要用另外的方法来把梦境照进现实，即求诸某种石头和沙子，用它们来建造河床和运河河道，并作为水流的替代品。《园冶》中也提到了这种方式，可以读到如下句子："假山以水为妙，倘高阜处不能注水，理涧壑无水，似有深意。"必须承认，作者关于干枯河道的看法，也就是最后一句论断离题略远。但是，空旷干涸的河道确实能带来非常迷人和梦幻的效果，这是对的。

水在很多时候都能给园林以生机，比如水的变化无常、镜面映照效果以及它的流动都非常有活力。尽管如此，必须承认的是，山在中国园林中仍然处于更为重要的位置，比如那些中空又有纹路的大石块。毋庸置疑，它们是构成独具特色的中国园林的最具独创性的元素。很多地方的漂亮园林中都有水塘、凉亭以及弯弯曲曲的小路，唯镂空石头造就的假山洞窟为中国园林所独有，有些园林也来模仿中国的这一制式。这种令人惊叹的不规则制式反映了中国园林独特的艺术气韵，中国园林匠人则竭尽所能地在他们的精湛艺术作品中用这种元素来展现我所谓的表现派风格。

在园林中使用石头是一种传统的表现技法，这是深植于中国人内心的一种审美情趣，一种对于石头的喜爱。不仅可以在园林假山中看到石头的使用，还能在装饰家居生活的精细器物上见到它们，更不用说石制的墨盒、昂贵的玉器、水晶，以及中国人一直当作艺术品收集的其他珍贵矿石。

相当多的统计显示，中国人在园林中大量使用石头反映了他们理解自然的一个极为重要的侧面。他们对于歌颂和描绘高山及石块的纹理和空隙似乎永不厌倦。中国人认为这是大自然的鬼斧神工，是大自然真正的壮丽景致，原始而神秘。高耸入云、雄伟壮阔的山脉几乎是无法复制到园林的假山中来的，但表现派的技法能在一定程度上表现出这种美景及其原始魅力。在这一点上，《园冶》的作者说道："夫理假山，必欲求好，要人说好，片山块石，似有野致。苏州虎丘山，南京凤台门，贩花扎架，处处皆然。"

这让我想起园林和绘画艺术中相通的一条指导性原则，即不论山石的形状和颜色是天然的（或许和北京园林的白墙颜色相悖），还是人工笔墨画就的，它们看起来都必须具有野趣。《园冶》的作者写道："有真为假，做假成真；稍动天机，全叨人力。探奇投好，同志须知。"这里的"探奇投好"也指要有一定的创造性思维。

要对这些园林的石头进行系统的调查或者详尽的统计是不可能的。它们的形状就和天上的云朵一样变幻莫测。对园林有过详细描述的是 17 世纪著名的小说《红楼梦》，其中有关于一个精美花园的石头的描写。大家走进花园便"见白石崚嶒，或如鬼怪，或如猛兽，纵横拱立，上面苔藓成斑，藤萝掩映，其中微露羊肠小径"[1]。从外表来看，可以将这些石头分为两类：侧卧的石头和竖直的石头，其中也有介于这两种姿势之间的既非平躺又非立着的石头。前者往往体积较小，通常成堆使用，交错叠成层，用来构造假山、洞窟、暗道等，也有的用作路堤或围墙。这种石头单独拿出来并无特色，但当组成凹凸有致的大型石块时，那些深窟突喙构成的斑驳光影则非常吸引人。（参见 147—149 页，图 30、图 32、图 33）

当然，竖直的石头也用来构造假山、洞窟，或者其他复杂的景观，不过就此用途来说一般用相对较小的石块，因为大点的、宏伟一些的一般用来做石碑，有时候会把这种石碑放置在露天的凉亭或池中央的雕塑底座上。（参见 147 页，图 31）石碑在中国园林中的装饰作用等同于欧洲园林中的雕像、方尖碑、缸瓮，唯一的不同就是，石碑可以很自然地融入周围的光影景色之中。（参见 151 页，图 35）

此类园林碑石中，最为贵重的是产自中国南方太湖以及其他湖泊底床的石灰石，经水流冲刷成形。这类石头全身都是空隙和深纹，挖掘出来以后，按照非常写意的风格雕琢出流畅曲折的纹路，进而构造出强烈的光影对比效果。《园冶》中关于太湖石的描述是："性坚而润。"有些太湖石有着很深的嵌空，另外一些则有蜂巢状的洞，还有一些太湖石的洞的轮廓非常奇特。颜色有的是白色，有的是青黑色，还有的是微青黑。"于面遍多坳

---

[1] 引自赫·本克拉夫特·乔利译本（1892）。

坎，盖因风浪中冲激而成，谓之'弹子窝'"。
这些石头大小不一，彼此间相差很大。最大
的也是最昂贵（比人还要高）的石头，如果
不立在轩堂前的话，就"或点乔松奇卉下"。
《园冶》中还说道："自古至今，采之已久，今
（17 世纪早期）尚鲜矣。"于是，豪门大户便
互相攀比，以能从古老园林中得到这种石头
为胜，竞拍价格能高达"二百石"①。

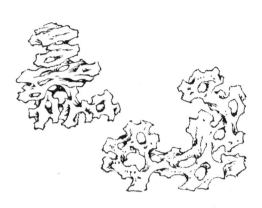

《素园石谱》
中两块仿制的太湖石，林有麟作

　　当然，在其他地方也可以找到漂亮的石
头，《园冶》的作者提到，某些山区的石头并
不比太湖石差，但是名气和价格都没有太湖
石高。简言之，自宋代（11—12 世纪）以后，
太湖石被认为是无法超越的大自然杰作，
"古胜太湖"。不管是否还有真正的太湖石
资源，都存在一个值得探讨的问题，即像太
湖石这样稀有的古物即将告罄的时候，具备
超凡创造力的中国人能否制造出它们的替代
品。只有园林用石方面的专家才有能力评判
这些石头的年龄和来源，而这种专业知识只
能靠实践积累。当然，也可以通过研究一些
古老的文学作品或画作得到关于这些石头的

《素园石谱》里一块古老的太湖石

些许印象，比如明朝的《园冶》、林有麟的《素园石谱》，以及十竹斋的著名画本（《十
竹斋书画谱》）。这些最为昂贵的石头被当作艺术品看待，放置在底座上，并对其赋诗
作画。

　　找到合适的石头以后，下一个问题就是把它们放置在合适的位置上。这可不是件容
易的事。据古人的说法，只有知识经验都很丰富的人才能办到，即所谓"专主鸠匠"。《园

---

①前面也简单提道，水流冲刷成形的石头不仅被收集来用于园林中，还用于起居室内做写字台，以及
用于微型的盆景园林或水瓮景观中。这些微型园林的主要构成部分是富含虾蚌和沙砾的石头、雕刻技
法娴熟的草木竹林，以及其他与水相搭配的植物。宋代以后，这种微型园林景观逐渐成为文人学者书
房凉亭里最重要的物件。此举并不仅仅是为了装饰，更重要的是一种象征，它代表着幸福长生的乐土。
而这些精美的树、山、洞则凝练地表达了宇宙的神奇创造力。说到这种用于微型园林或者作写字台的
石头的价格，可以看看苏东坡（11 世纪末期的诗人和政治家）花百金求得一块叫"九华"（有九个峰）
的石头。参见斯坦：《法属远东地区的小型园林》，1943 年。

冶》的作者给出了堆放三块尖利石头的一种办法（即一块高的放在中间，两块小一些的放两边），就像主建筑旁放置两块屏风，这看起来似乎很滑稽。假山最好是能散落分布在园林里。掇山的最好地点是园林水塘的中央，这样它便占据了最重要的位置。（参见146 页，图 28; 参见 152 页，图 36）在山上可以"桥横跨水"直达岸边。在桥下面山的深处，洞窟和暗道常常直通水里。由此便可邀月招云，"莫言世上无仙，斯住世之瀛壶也"。

考虑到园林艺术和绘画艺术的相通性，一个比较有趣的议题便是如何借用园林的围墙作为背景进行掇山。"藉以粉壁为纸，以石为绘也。理者相石皴纹，仿古人笔意，（于石边）植黄山松柏、古梅、美竹，收之圆窗，宛然镜游也"。

《园冶》中也给出了堆置带峰头的假山的办法，尤其是掇带有好几个峰头的假山。切不可把石头堆砌成一排，像屏风一样，得把它们组成不规则的形状，以表现大自然的野性魅力。（参见 153 页，图 37）对于只有一个山峰，也就是独立的假山来说，则要尽可能地妥当安置，使其影子看起来上大下小。说到形状，在放置石头的时候需要使中国园林的特点发挥到极致。《园冶》的作者给出了以下方法，特别是这一段："峰石一块者，相形何状，选合峰纹石，令匠凿笋眼为座，理宜上大下小，立之可观。或峰石两块三块拼掇，亦宜上大下小，似有飞舞势。或数块掇成，亦如前式，须得两三大石封顶。须知平衡法，理之无失。稍有欹侧，久之逾欹，其峰必颓，理当慎之。"

《园冶》在说到掇置岩景的时候也给出了类似的建议，"如理悬岩，起脚宜小，渐理渐大，及高，使其后坚能悬"。这种岩石形状奇特，上部较大（像云一样），正合需求；这种做法应该不是作者自己的发明，不过他的叙述很有道理："斯理法，古来罕者。如悬一石，又悬一石，再之不能也。"他又补充道："予以平衡法，将前悬分散，后坚，仍以长条堑里石压之，能悬数尺，其状可骇，万无一失。"

《素园石谱》里的两幅园林石景

这些有着高悬尖头的大型石景在明朝后期得到了广泛的发展，有了很多变式，又做了必要的修正，这可能与同时期水墨画的绘画技巧日臻成熟、达到极致的发展历程相一致。这时期的艺术家们给予了艺术作品随性的特质，让它们从严格对称的形式主义中解放出来。山和树似乎都是凭空出现的，打破了原有的平衡，然而又处在一种不断变化的平衡之中。

这就是米芾敬拜的"石兄"

画家在园林艺术的发展中起到了很大的作用，尤其是那些多多少少富有创造力的书画家，如黄道周[①]、倪元璐[②]的写意风格（随性的画风）。对他们来说，这些奇石以及耸入云端的高山尖峰（变幻莫测）都有着丰富的意蕴。（参见 154 页，图 38—图 40）据当时的资料显示，宋、元、明时期有很多画家都是奇石的狂热爱好者，他们在描绘这些奇石的时候能感受到愉悦；有很多画家还称自己为"玉痴"（热爱石头的人）。有些画家还觉得自己和这些沉寂默然的石头有着私密的情感联系。比如 12 世纪早期的著名画家兼敏锐的艺术评论家米芾，他曾虔诚地拜一奇石为兄，颇为痴迷。

米芾的"石兄"自然也就出名了，他的行为也被后来的爱好者们仰慕并模仿，即在园林中安置立石。这则关于拜石亭（为米芾拜石所建的亭子）的故事流传了下来，并衍生出了各种有趣的版本，使得之后五六百年间的园林爱好者们相继模仿。于是，在之前提到的北京半亩园里，李笠翁引进了这种拜石亭，并从灵璧、英德、太湖及其他地方搜集了很多奇特的石头。据说，北京的皇家园林后来也使用了部分这类石头。

《鸿雪因缘图记》中有一幅关于拜石亭的画作，亭子前面有一个庭院。你可能好奇一块如此高大的太湖石是如何得以立在这个开放建筑物中间的场地上的，就像一个雕像一样，周围还配有屏风和锣庙。（参见 154 页，图 41）庭院屏风前的茶桌边坐着两个人，显然是在安静地沉思。整个画面给人一种庄重沉静的感觉。这两个朋友正身处几代痴迷于此类艺术的中国人心目中的圣地里，而这圣地对于他们的意义就像上帝的圣殿对于西方人的意义。因为这里保存着浸透自然创造力的完美象征（奇石的完美外形）。是的，这仅仅是一块石头，但它就像有着深沉魅力的偶像一样，能够激发观赏者的想象力，使他们

①黄道周（1585—1646），字幼玄，号石斋，被世人尊称为石斋先生。明末书画家、文学家。诗文、隶草皆可自成一家。——译者注

②倪元璐（1594—1644），字汝玉，号鸿宝，明朝浙江绍兴府上虞（今绍兴市上虞区）人。书法行草超逸，可称为逸品。书法用笔善用中锋，其中时夹杂有渴笔，与浓墨相映成趣。——译者注

的思想摆脱尘世的束缚，不再狭隘。或许真的可以使他们神游仙境，抵达极乐世界。这就是中国人在其园林和绘画艺术中想要传达出来的一种东西，也正是这种魅力把我们引入未知而神秘的世界。于是，在不知不觉中我们便被吸引住了，无法自拔，无法言说。

作为我笔记的补充，关于园林中的山石，我要附上《园冶》这本书的"选石"（选择石头）章节。其中对来自不同地方的 14 种石头进行了简单的介绍，比如有来自安徽的、来自江苏的等。不过作者也说，还有一些产石的地方他也没去过。关于中国人对于这些石头品质的看法和评价，可以从介绍中得到一个大体的印象。而挑选和维护这些石头则需要花费大量的金钱和精力，这一点也很让他们头疼。

〖 选石 〗

夫识石之来由，询山之远近。石无山价，费只人工，跋蹍搜巅，崎岖究路。便宜出水，虽遥千里何妨；日计在人，就近一肩可矣。取巧不但玲珑，只宜单点；求坚还从古拙，堪用层堆。须先选质，无纹俟后，依皴合掇；多纹恐损，垂窍当悬。古胜太湖，好事只知花石；时遵图尽，匪人焉识黄山？小仿云林，大宗子久①。块虽顽夯，峻更嶙峋，是石堪堆，便山可采。石非草木，采后复生，人重利名，近无图远。

一、太湖石

苏州府所属洞庭山，石产水涯，惟消夏湾者为最。性坚而润，有嵌空、穿眼、宛转、险怪势。一种色白，一种色青而黑，一种微黑青。其质文理纵横，笼络起隐，于面遍多坳坎，盖因风浪中冲激而成，谓之"弹子窝"，扣之微有声。采人携锤錾入深水中，度奇巧取凿，贯以巨索，浮大舟架而出之。此石最高大为贵，惟宜植立轩堂前，或点乔松奇卉下，装治假山，罗列园林广榭中，颇多伟观也。自古至今，采之以久，今尚鲜矣。

二、昆山石

昆山县马鞍山，石产土中，为赤土积渍。既出土，倍费挑剔洗涤。其质磊块，巉岩透空，无耸拔峰峦势，扣之无声，其色洁白。或植小木，或种溪荪于奇巧处，或置器中，宜点盆景，不成大用也。

三、宜兴石

宜兴县张公洞、善卷寺一带山产石，便于竹林出水，有性坚、穿眼、险怪如太湖者。有一种色黑质粗而黄者，有色白而质嫩者，掇山不可悬，恐不坚也。

---

①倪瓒，号云林子；黄公望，字子久。两者都是元代著名的山水画家，都有自己独特的表现山石的手法。

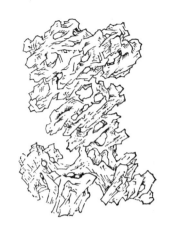

图中左边为从河床中采掘出来的菱溪石。右边为从山上发掘的昆山石，并打算用于微型园林

四、龙潭石

龙潭，金陵下七十余里，沿大江地名七星观至山口、仓头一带，皆产石数种，有露土者，有半埋者。一种色青、质坚、透漏文理如太湖者；一种色微青、性坚、稍觉顽夯，可用起脚压泛；一种色纹古拙，无漏，宜单点；一种色青如核桃纹多皴法者，掇能合皴如画为妙。

五、青龙山石

金陵青龙山石，大圈大孔者，全用匠作凿取，做成峰石，只一面势者。自来俗人以此为太湖主峰，凡花石反呼为"脚石"。掇如炉瓶式，更加以擘峰，俨如刀山剑树者①斯也。或点竹树下，不可高掇。

六、灵璧石

宿州灵璧县，地名磐山，石产土中，岁久穴深数丈。其质为赤泥渍满，土人多以铁刃遍刮，凡三次，既露石色，即以铁丝帚或竹帚兼磁末刷治清润，扣之铿然有声，石底多有渍土不能尽者。石在土中，随其大小具体而生，或成物状，或成峰峦，巉岩透空，其眼少有宛转之势，须藉斧凿，修治磨砻，以全其美。或一面或三四面全者，即是从土中生起，凡数百之中无一二。有得四面者，择其奇巧，处镌治取其底平，可以顿置几案，亦可以掇小景。有一种扁朴或成云气者，悬之室中为磬，《书》所谓"泗滨浮磬"是也。

产自安徽磐山的灵璧石，用作书桌上的笔架

---

①刀山剑树是一个成语，指特别危险和复杂的情况。

七、岘山石

镇江府城南大岘山一带,皆产石。小者全质,大者镌取相连处。奇怪万状。色黄,清润而坚,扣之有声。有色灰褐者。石多穿眼相通,可掇假山。

八、宣石

宣石产于宁国县所属,其色洁白,多于赤土积渍,须用刷洗,才见其质。或梅雨天瓦沟,下水克尽土色。惟斯石应旧,逾旧逾白,俨如雪山也。一种名"马牙宣",可置几案。

九、湖口石

江州湖口,石有数种,或产水际。一种色青,混然成峰峦岩壑,或成类诸物。一种匾薄嵌空,穿眼通透,几若木版似利刃剜刻之状。石理如刷丝,亦微扣之有声。东坡称赏,目之为"世中九华",有"百金归买小玲珑"之语。

十、英石

英州含光、真阳县之间,石产溪水中有数种:一微青色,有通白脉笼络;一微灰黑;一浅绿,有峰峦嵌空,穿眼宛转相通,其质稍润,扣之微有声,可置几案,亦可点盆,亦可掇小景;有一种色白,四面峰峦耸拔,多棱角,稍莹彻,面面有光,可鉴物,扣之无声。采人就水中度奇巧处凿取,只可置几案。

十一、散兵石

散兵者,汉张子房楚歌散兵①处也,故名。其地在巢湖之南。其石若大若小,形状百类,浮露于山。其质坚,其色青黑,有如太湖者,有古拙皴纹者,土人采而装出贩卖,维扬好事,专买其石。有最大巧妙透漏如太湖峰,更佳者,未尝采也。

十二、黄石

黄石是处皆产,其质坚,不入斧凿,其文古拙。如常州黄山,苏州尧峰山,镇江圌山,沿大江直至采石之上皆产。俗人只知顽夯,而不知奇妙也。

十三、旧石

世之好事,慕闻虚名,钻求旧石。某名园某峰石,某名人题咏,某代传至于今,斯真太湖石也,今废,欲待价而沽,不惜多金,售为古玩还可。又有惟闻旧石,重价买者。夫太湖石者,自古至今,好事采多,似鲜矣。如别山有未开取者,择其透漏、青骨、坚质采之,未尝亚太湖也。

---

① 散兵,指被打散了的兵(被击溃的兵)。这个典故源于汉朝初年,张良将军对敌西楚,命令他的士兵唱楚地的民歌,使得楚地的士兵都开始思念故乡,失去斗志,以致溃不成军。

斯亘古露风，何为新耶，何为旧耶？凡采石惟盘驳、人工装载之费，到园殊费几何？予闻一石名"百米峰"，询之费百米所得，故名。今欲易百米，再盘百米，复名"二百米峰"也。凡石露风则旧，搜土则新，虽有土色，未几雨露，亦成旧矣。

十四、锦川石

斯石宜旧。有五色者，有纯绿者，纹如画松皮，高丈余阔盈尺者贵，丈内者多。近宜兴有石如锦川，其纹眼嵌石子，色亦不佳。旧者纹眼嵌空，色质清润，可以花间树下，插立可观。如理假山，犹类劈峰。

十五、花石纲

宋"花石纲"，河南所属边近山东随处便有，是运之所遗者，其石巧妙者多。缘陆路颇艰，有好事者，少取块石置园中，生色多矣。

十六、六合石子

六合县灵居岩，沙土中及水际，产玛瑙石子，颇细碎。有大如拳、纯白五色纹者，有纯五色者，其温润莹澈。择纹彩斑斓取之，铺地如锦。或置涧壑及流水处，自然清白。

夫葺园围假山，处处有好事，处处有石块，但不得其人。欲询出石之所，到地有山，似当有石，虽不得巧妙者，随其顽夯，但有文理可也。曾见宋·杜绾《石谱》，何处无石？予少用过石处，聊记于右，余未见者不录。

"选石"这一章节的结语值得深思。这里和其他章节的一系列总括结论一样，作者明确指出，对于这个话题，他并没有穷尽，也没有给出最终的定式。综上可见，园林的用石，可以在这里的山上采掘，也可以去别的山上采掘，但是知晓在哪里可以找见，并进行合理使用的人却很少见。对于创造性的艺术来说，人的重要性要远远大于用材，这就是最为可贵之处。

第三章

花草树木

在西方，我们谈论园林的时候，主要想到的是建筑材料、花草树木，以及草坪。中国人的观念似乎有些不同。在他们心目中，花并不是构成园林的基本要素，不像山和水那样永远是基础工作，尽管有时花的地位相当重要，花期时会将园林装点得美不胜收。可以开花的灌木和树丛更是如此，即便在中国的小型园林中，它们所扮演的角色也比在欧洲园林中更为重要。但是，草坪在中国园林中是完全缺失的，中国人从来就不想对花做造型，尽管他们喜欢精巧的装饰。对他们而言，千差万别的花草树木多多少少代表着宇宙生命不断变化的思想和形态。它们作为富有内涵的象征，其重要性不亚于它们的装饰价值。对于这个话题的这一方面后文将有详细论述，但作为介绍，我将首先引用一些古代文人和艺术家们的论述，以展示中国人与植物世界的密切联系，以及他们阐释花木魅力的文字和图画。

袁宏道（字中郎）是明代末期的一位文人[1]，他讲过在古代，爱花的人如何在"深谷峻岭"中长途跋涉，只为了寻找一株异花。某棵珍奇的树要开花的时候，他们就把床搬到室外，这样就可以离花很近，"以观花之由微至盛至落至于萎地而后去。或千株万本以穷其变，或单枝数房以极其趣，或嗅叶而知花之大小，或见根而辨色之红白。是之谓真爱花，是之谓真好事也"。

袁中郎生活在 17 世纪初期[2]，当时正是中国绘画艺术的最后一个盛世。他是高雅唯美主义的典型代表，这种思想在花艺、园艺及崇尚自然的写意水墨画中均有体现。他写到花的时候，好像在向读者介绍一个人、一位朋友，他竭力想解释清楚这位朋友的思想和情感。他介绍花是如何睡去和醒来，是欢乐还是悲伤。"檀唇烘日，媚体藏风，花之喜也。晕酣神敛，烟色迷离，花之愁也。欹枝困槛，如不胜风，花之梦也。嫣然流盼，光华溢目，花之醒也"。

袁中郎充满诗意地解释了花的感情和需求，还描写了花被不了解它们的人放在难耐的环境中的表现。如果引用更多，那话题就太远了。但有必要看一下有关花木的画，在中国绘画史上，这个主题延续了一千多年。

最早的写实花卉画毫无疑问产生于唐朝（公元 618—907 年）末期，但并没有留存至今。但是，五代（10 世纪前半叶）以来，有很多开花的树木的画，通常还有鸟，此后有关自然的画作中树木也鲜有缺席。人们通常将这归因于这一领域最有名的大师：黄筌、徐熙和赵昌。大约一百年后，有一位文人这样描述他们的特点：

士大夫议为花果者，往往崇尚黄筌、赵昌之笔，盖其写生设色，迥出人意。以熙视之，彼

①引自《生活的艺术》，第 314 页。林语堂引用了袁中郎（袁宏道）的《瓶史》中的相关论述。
②生卒时间为 1568—1610 年。——译者注。

有惭德。筌神而不妙，昌妙而不神，神妙俱完，舍熙无矣。夫精于画者，不过薄其彩绘，以取形似，于气骨能全之乎？熙独不然，必先以其墨定其枝叶蕊萼等，而后傅之以色，故其气格前就，态度弥茂，与造化之功不甚远，宜乎为天下冠也。

这段话中，有趣的不仅是对画家们不同技巧手法的阐述，更暗示了花鸟画中最为重要的不是如实地再现自然，而是赋予花木内在的品格、捕捉其气韵。后文有与这几位画家以及年代更早的画家们相关的传说，从中可以看出他们是如何努力聆听自然的脉搏、用画笔捕捉其节律的。(参见 155 页，图 42)

这种努力在北宋时期（公元 960—1127 年）宋徽宗院体画中尤为明显。时人讲述，这位皇帝曾邀请画友们到宫苑中绘制花鸟虫画，尽可能忠实地将自然多变的思想再现于花卉的形态上。下面的故事可以很好地证明这一点：一天早上，宋徽宗路过宫苑中的一个亭子，当时园中已经有几位画师了。入口处的一幅作品吸引了他的注意，画的是一株斜枝月季。他对这幅画作大加赞赏，问清了画师的名字，随后便赏赐他昂贵的丝绸和一件刺绣长袍。然而，其他画师不明白为什么皇上单单欣赏这幅画，其中一名画师大胆地向这位皇家艺术评论家提出了疑问，得到了这样的回答：

月季鲜有能画者，盖四时朝暮，花蕊叶皆不同。此作春时日中者，无毫发差，故厚赏之。

写这个故事是为了表现皇家院体花鸟画中自然主义的严密性，这位皇帝本身就是真正的大师，对诸多花鸟画进行了评判。很多著名画家追随着他的脚步，如艾宣[①]、李安忠[②]、李迪[③]等，他们都极其认真地表现花卉的习性和个体特征。他们画的所有的花——月季、百合、牡丹、菊花、葵花、荷花、水仙、兰花等，几乎都是花园中最醒目的装饰。

罂粟（鸦片）。
依据钱选（1235—1290）的画而作的木版画

①艾宣，宋朝钟陵（今江西进贤县）人，善画花竹翎毛，尤长野趣。——译者注
②李安忠，南宋钱塘（今浙江杭州）人，宋徽宗宣和（1119—1125）时为画院祗候，后为画院成忠郎。——译者注
③李迪，宋朝河阳（今河南孟州）人，北宋宣和时为画院成忠郎，南宋绍兴时复职为画院副使。——译者注

宫廷画家及其追随者们践行着这种细致入微的自然主义。与之相伴的,是宋朝末期,另一个花鸟画流派产生并逐渐兴盛起来。这一流派不重在以彩色再现花卉,而是以单色墨笔走游龙,试图抓住花卉的气韵——中国人所谓"气韵生动"。可以说,这是一种自然主义的摹写方法,画作的生命主题自然、直接地展现出来,就像创作一幅充满感情的即兴作品。因此,这一画派被称为写意派,从名字上就体现出,在它独特的目标和表现手法方面,什么是最为基本的。

这里不能详细地描写中国花鸟画的诸多派别和类型,但对一些著名花木的象征意义的论述还是应当说一下的,因为这无疑影响了它们在园林及画作中的出现率。

首先要说的是白梅花,在中国的受欢迎程度就像樱花在日本一样。(参见 155 页,图 43)梅花之所以备受喜爱,是因为它比其他同类的花都开得早。在大地仍被白雪覆盖的时候,梅花就盛开了,就像春天的使者,唤醒众生。梅花拥有独特的清香,令人着迷。在画作中,梅通常和松、竹同时出现,合称"岁寒三友"。(参见 155 页,图 44)

在园子里种梅花,也像日本的樱树一样,不是为了果实,而是为了赏花。有些品种甚至在中国北方的山上成片生长,早春时为山坡披上花衣。梅树是最能激发诗人和画家对自然的崇拜之情的一种树。有很多相关的逸事传闻,其中值得一提的是宋代画僧华光开创的传统。传

一枝绽放的梅花。作于春季月夜,梅影于窗纸上清晰可视。王谷祥绘制。斯德哥尔摩国家博物馆藏

说,他居住的寺庙周围有很多梅树,他便画了许多幅梅花:"每逢花发时,辄床据于其下,吟咏终日,人莫能知其意。月夜未寝,见疏影横于其纸窗,萧然可爱,遂以笔戏摹其影。凌晨视之,殊有月夜之思……"他的一位朋友看了他的画后称赞道:"如嫩寒清晓,行孤山篱落间,但欠香耳。"

据传华光还创作了一篇《梅谱》,下面援引其中几句:

花有六六，泣露含烟。如愁如语，傲雪凝寒。大放小放，正偏侧偏。大偏少偏，移春朝元。羞容背日，骷髅笑颜……笑春向阳，蓓蕾珠联。左偏右偏，护寒冲烟。藏春放白，蝴蝶蜂先。披风带蒂，萼取其圆。一开一谢，花欲天然。

如果华光的画作如他的论述一样展现了梅花多变的形态和独特的魅力，那一定具有极高的价值。不幸的是，他的画作没有保留下来。但元末明初时，邹复雷[①]、吴镇[②]、王冕[③]等著名画家追随着华光的脚步，创作了很多水墨画。传说，每当梅花盛开的月夜，王冕便彻夜不眠，观察透明窗纸上的婆娑花影。没人敢说他的画笔没有抓住梅花的轻盈姿态。他自己是这样阐述对梅花的热爱之情的："老我无能惯清苦，写梅种梅千万树。霜清月白夜更长，每是狂歌不归去。只今潦倒霜鬓垂，世情恬淡俱忘机。读书写字两眼眵，断白搔堕随花飞。"他还写道，他看到两只仙鹤伴着月色翩翩起舞，他希望伴着春风歌唱。王冕是一位真正的诗人，不仅体现在宣泄的情感，还体现于他的画作保存了春风中如此多的愉悦。（参见 155 页，图 45）

整个明代，在专门画梅的画家中，王冕都是备受钦佩的楷模。在众多梅画中，有一幅王谷祥[④]的小品收藏在位于斯德哥尔摩的国家博物馆里。依据画上的题诗，这幅画作于一个春夜，画家与几位朋友坐在画室的窗前，边饮酒边观察梅枝在透明窗纸上摇曳的影子。他们即兴作画、作诗，抒发情怀，下面举其中一首为例：

古枝迎春早，老干覆玉洁。风住月华满，影舞纸窗暗。

这些水墨画上有很多类似的诗句，赞美满月、花朵和春光，表现出画家走进花卉灵魂深处、用画笔捕捉生命韵律的能力。依据著名画家的花果画而作的彩色木版画也可以证明这一点，这些木版画收录在两本供美术初学者使用的著名集册中——《十竹斋书画谱》，初版于 1624 年；《芥子园画传》，初版于 1679 年，最后一部分于 1701 年问世（附录直到 1814 年才出版）。这两本书在这里都值得一提，因为它们不仅收录了大量园林花卉作品，还收录了园林中的假山和雅致的鸟虫。《十竹斋书画谱》中有三卷讲的是竹子、兰花和梅花，一卷讲的是假山和奇石，其余四卷是相关画作，包括风景画和花果画，如牡丹、芙蓉、菊花、月季、荷花，以及石榴、柿子、樱桃、李子、佛手、橘子等水果。总而言之，

---

①邹复雷，元代道士，亦能诗、画，常以写梅自乐。——译者注
②吴镇（1280—1354），字仲圭，号梅花道人，元代书画家、诗人，擅长画山水、梅花、竹石。——译者注
③王冕（1310—1359），字元章，号煮石山农，元代画家、诗人、篆刻家，喜爱画梅。——译者注
④王谷祥（1501—1568），字禄之，号酉室，善写生，画面用墨渲染有法度，画中意致独到，可称上品。——译者注

都是典型的园林装饰，在书中得到了精确的呈现。这些木版画中的佳作与水墨画、水彩画相比不相上下。

第二本书，《芥子园画传》，包罗了更多（无论插图还是文字）与花木及其应用相关的艺术内容。第一部分包括五章，为美术初学者提供了详细的历代重要审美教导，系统地安排了树、灌木、山、石、水、人、动物、鸟、建筑、墙、桥、船等在风景构建中可能会用到的元素的图案（这一部分的最后一张是这种风格的完整构图）。第二部分于22年后才出版，其结构与《十竹斋书画谱》的主体部分类似：分为四章，分别介绍对画家最为重要的四种花木：梅、兰、竹、菊。这四种花木是特意挑选的，因为自古以来它们就最为重要，不仅作为艺术形象，而且还具有象征意义，下文将逐一讲解。

竹子之所以得到极高赞赏，是因为它是刚与柔的结合体。因此，竹子成了友谊长存、不畏艰难的象征，更代表着君子的气节，因为它在面对暴风雨时可以低头，而风停雨住时又重新挺立起来，而且永葆青绿。竹经常与松、梅并称。在中国中部和南部地区，竹子自然生长成为真正的木料，不过有些品种也在花园中生长。据说早在宋代，人们就可以辨别出100多个品种的竹子，其中大部分既可实用，又可作为装饰。其在园林中的重要地位在前文中已经多次提及，事实上在中国——至少在黄河以南的广大地区，如果不谈论竹子，就很难谈论园林。

在中国，画作和园林中唯一能与竹子相提并论的树木就是梅花了。我已经讲过它对于画家的重要意义，诗人同样爱梅、种梅。梅花开放预示着春天即将到来，无论冬天看上去多么干枯、毫无生机的古树，春天一到都会开出最美的繁花。对于自然界无穷无尽的自我更新力量，还有比这更加神奇的证据吗？（参见157页，图49）

以下五点是《芥子园画传》中阐述的对于梅花的典型的中国观念："一要体古，屈曲多年。二要干怪，粗细盘旋（像膝盖的样子，要有角）。三要枝清，最戒连绵。四要梢健，贵其遒坚。五要花奇，必须媚妍。梅有所忌，起笔不颠。先辈定论，着花不粘。"也就是说，灰色的树其弯曲的枝条与美妙的花朵之间应当对比鲜明，这样才能凸显美感，更好地展现其象征意义。

竹与梅经常与松树并称（"岁寒三友"），因此也应当指出，松树通常象征着坚强的品格。其弯曲的树枝与奇形怪状的园石相和谐。前面提过的艺术家李笠翁写道："如一座园亭，所有者皆时花弱卉，无十数本老成树木主宰其间，是终日与儿女子习处，无从师会友时矣。"[1]松树有着隐士般的沉稳，代表沉默与独处。

在众多开花植物中，中国人尤其喜欢种植、描绘的是兰花和菊花。（参见163页，图

---

[1] 引自林语堂：《生活的艺术》，第298页。参见《闲情偶记·种植部·竹木第五》。

一个带菊圃的小园子。

58）兰花有着长长的、柳叶刀形的叶子，花是白色的，像鸢尾花。但它之所以广受赞誉，不是因为朴实的外表，而是因为其神秘而又浓郁的芳香。因此，这种花成为女性魅力、文人名誉的象征。花香清幽，就像文雅的举止。一位中国文人给出了如下恰切的解释："我们把一位独居的少女，或一位独自隐居在山间、视名誉如浮云的智者，比作一株山谷中独自生长的兰花。"

《芥子园画传》中引用了元代一位僧人的话，他说，一个人在高兴时应该画兰花，而画竹子时应当充满怒气。兰花长长的、飘逸的叶子应当看起来像"飞举"，"花蕊舒吐"。画兰花时画笔要像翻飞的蝴蝶一般。水要清澈，墨要上乘，笔要柔软，手要轻快。简而言之，画兰与画竹一样艰难而严格。一些著名的画家倾其一生专门研究画兰。在园林中，兰花要安置在树荫下的僻静之处，但开花时，空气中将满是神秘的花香。

菊花是秋天的花。菊花的品种很多，但花期都在绚烂的夏天之后、清冷的秋天之时。因此，菊花也称作"凌霜"，与松树一起代表"唯一幸存的"——松菊犹存。于是，菊花被视作长寿的象征，"菊"与"久"读音相近。绘画入门书中指出，如果想精准地展现出菊花的魅力，笔势必须是骄傲的，颜色必须是"中央正色"，即黄色。这是最受敬仰的颜色，尽管也会用到其他颜色。春天的花是令人愉悦的、女性化的，但它们不能与菊花相比。将菊花画在纸上，仿佛闻到了"晚香"。

作为园林用花，菊花是优选之一，就像夏天的牡丹一样。菊花总是成丛出现，老的官员、哲学家、文人最喜欢种菊花，其中陶渊明（公元365—427年）最为著名。他对菊花的喜爱几乎成了传说，他的菊园成为千年以来诗画中常见的主题，他的《归去来兮辞》被视为中国文学经典作品之一。下一章将引用其中的一小段文字。

《园冶》中，菊与梅、竹相提并论，它们在园林中的地位如下所言：

编篱种菊，因之陶令当年；锄岭栽梅，可并庾公故迹。寻幽移竹，对景莳花。桃李不言，似通津信。①

以上四种植物在《芥子园画传》中记述得最为详细。除此之外，书中还介绍了很多其他的植物，在园林中的地位轻重不一。这里我不能详细地说明所有的花木，因为这很容易就会变成植物学论文，如果列出其汉语、拉丁文及可能的英文名称，对了解中国园林的植物群将有所助益。然而，考虑到花卉在装饰方面的特殊意义，接下来我将讲一下牡丹、荷花、山茶花和一些果树。

在中国，牡丹自古以来就被视作"花中之王"。牡丹雍容华贵，象征着物质上的丰饶、富有和幸福。它与梅花的精美、菊花的冷艳都截然不同。牡丹通常是大片种植，或种在宽阔的地方，四周围上砖块或矮墙。白牡丹是最受喜爱的，其他还有多种颜色的品种。（参见 157 页，图 48）

但是，更吸引人、更为可爱迷人的是荷花，在中国花园中，荷花是最为神奇的住客。荷花是水生植物，自然需要园中有水塘或水渠，即便没有这些，荷花也不会受到冷落，而是在温暖的季节种在院中的大瓮或大碗里。这优雅的植物在古老公园的泥湖中最为美丽。夏天，宽大的叶子将湖面完全遮住，像绿漆碗碟在水上漂浮着，嫩茎支撑着大大的花朵在上面随风摆动。这一片盛开的荷花，从深不见底的水中伸出来，一望无际，呈现出一种独特的魅力，空气中弥漫着芳香，像声音忽高忽低的真言咒语一样令人沉静。（参见 156 页，图 47）

自 15 世纪佛教在中国传播以来，荷花（莲花）就成为备受崇敬、关注之物。11 世纪一位著名的诗人周敦颐（1017—1073）这样描写莲花：

水陆草木之花，可爱者甚蕃。晋陶渊明独爱菊。自李唐来，世人甚爱牡丹。予独爱莲之出淤泥而不染，濯清涟而不妖，中通外直，不蔓不枝，香远益清，亭亭净植，可远观而不可亵玩焉。

予谓菊，花之隐逸者也；牡丹，花之富贵者也；莲，花之君子者也。噫！菊之爱，陶后鲜有闻。莲之爱，同予者何人？牡丹之爱，宜乎众矣！②

---

① "桃花源"是道教传说中的一方乐土，是一个渔夫在水底深处发现的，但后来所有想去寻找那个地方的人都没有找到。

②引自翟理斯：《中国文学史》，第 219 页。

荷花的象征意义有很多，一方面是因为它在佛教艺术中处于核心地位（早在佛教传入中国以前便是如此），另一方面是因为其汉语名为"莲花"或"荷花"。一般而言，它象征着高尚的努力、精神的纯洁。它从泥（物质世界）中生长出来，却不沾染泥污，经过水（情感的中间区）到达自由的空中（精神世界），然后向着太阳打开完美的花苞，象征着人的精神或佛性的展开、绽放。盛开的花也可能代表纯洁的教义（芬陀利华）和佛教的宝座（莲花座）。一般而言，佛祖坐在莲花上，旁边的菩萨站在小一点的、没有完全盛开的莲花上。在佛祖极乐世界中，纯洁的灵魂通常会被安放在莲花上。因此，莲花是极乐世界之花，供奉佛祖的寺庙前的水塘中一般都有莲花。

我前面提到过，中国人对这种花的称呼产生了很多比喻，因为有其他汉字与花名读音相同，但意义不同。因此，"莲"可能代表联合、联结，"荷"可能代表和谐、和睦。于是荷花经常被用作联合、友谊、和谐的婚姻之类的标志，也与其他代表和平、联结、愿望实现等的标志相关。应当补充的是，荷花的不同部分——叶、茎、莲蓬、莲子，都因其实用价值而得到了重视。

桃树的花和果实也广受敬重和关注。它通常是道教中象征"永生"的树，果实带来长寿的祝福，有点像赫斯帕里得斯的金苹果。而且，桃树被认为可以保护人们不受妖魔鬼怪侵害，因此，护身符和门板（贴有门神）都是用桃木制成。在中国南方，桃花是春天的使者，冬天的统治被冲破时，桃花就会开放。这时，自然从短暂的睡眠中醒来，河水冲刷堤岸，称为桃花汛。按照一个古老的传统，这也是订婚的最佳时节，因此桃花、桃子代表对

16世纪一幅名为《汉宫春晓图》的画的一部分：园林假石旁种有垂柳以及开花的桃树，一个人在给玉兰浇水。参见图106（参见187页）

婚姻的祝贺和对幸福长久生活的祝愿。桃子与石榴、佛手一同作为装饰时，代表着对长寿、子孙满堂（石榴）、幸福（"福"与"佛手"中的"佛"读音相近）的美好愿望。桃子还出现在其他几个谜一样的祝福标志中，这里不过多论述。[1]在中国，花卉及其在自然及人类社会中的象征意义还有很多，但在这一方面举的例子已经够多了。总之，这表明，中国人不仅仅将花卉视作一种装饰、一种用品，而是从这些静默的生物中，寻找深层的意义和内涵。如果其意义在很多情况下都是随意赋予的，那它将得到加强和深化，从而增强植物王国的象征价值。当然，这也有助于确立花卉在园林中的重要地位。在中国人的眼中，自然万物都具有象征性，与更为客观、"科学"的观察方式相比，为艺术理解和运用增加了更多可能性。因此在中国，花木的种植与其艺术象征之间有着密切的联系。艺术家们所试图抓住及表达的正是花卉最受珍视的方面。

如果一个人想理解中国花园中什么花最为珍贵，那他将在艺术表现形式——古代的绘画、木版画等——中发现某些指导。这样的艺术作品有很多，从真实呈现自然和装饰艺术美感两个方面考虑，其中最为优秀的，我想就是前面提到的供美术初学者使用的《芥子园画传》中的彩色木版画。这本书的第三卷有大约 70 种花的图片，其中绝大多数都是中国园林中最为常见的植物。因此，以下的名称列表相当有趣，其中只省略了三四种无法识别的花卉。[2]

以下花卉收录于第三卷第三章：

芍药。

夜合。白色的百合花，花朵呈长喇叭状。

罂粟，即鸦片罂粟。

僧鞋菊，又名附子。

金丝荷叶。虎耳草科。

秋葵。锦葵科。

菱花。菱角。

凤仙。

蜜萱，又名金针菜。

鸡冠。

蒲公英。

---

[1]有关花卉象征的更多信息，可参见斐迪南·莱辛的论文《中国艺术中的符号》，1934—1935 年。
[2]乌萨普拉的哈里·史密斯博士和斯德哥尔摩国家历史博物馆的阿斯普伦德博士在识别其中一些植物方面提供了有价值的帮助。

锦苋,又名雁来红。

白苹,又名马尿花。水鳖属。

红蓼。

蜡菊。

淡竹叶花,又名鸭跖草。

莲花(荷花)。

兰花(风兰)。

蜀葵。花朵很大。

紫云英。一种爬地植物。

虞美人。罂粟科,花朵很小。

水仙。

灵芝。象征长寿。

凤头萱。萱草属。

燕麦。

鱼儿牡丹,又名荷包牡丹。

春兰。兰属。

紫蝴蝶花,又名鸢尾花。花为紫色。

藤菊。攀缘而上的菊花。

锦葵。花朵很小。

美人蕉,又名小芭蕉。

春罗、夜合。龙胆属,花朵有红白两色。

秋海棠。

水仙茶梅。花枝像樱桃属的水仙和山茶。

玉簪花。

剪秋罗。

红黄秋菊。

芙蓉。花朵很大,白色。

雪里蕻。红色花朵缠绕着竹子,上有三只螳螂。

莲花(红莲)。
依据黄荃(约公元900—965年)的画而作
的木版画

以下花木收录于第三卷第四章:

玉楼春。锦葵属,花朵很大。

栀子。

西府海棠。两只小鸟立在一棵野生苹果树的树枝上。

黄莺春柳。黄莺立在柳树上。

木芙蓉。像树一样的芙蓉与一只小鸟。

蜡梅。

荔枝。

茶叶花。

玫瑰。红色花朵。

桐实。一棵梧桐树的树枝、小鸟、木虱。

黄蔷薇。

葡萄。

樱桃。

白牡丹。

榴花，即石榴花。

梨花白燕。

佛手柑。

牵牛花。旋花科。

山茶。

绣球。绣球属。

紫薇花。西方人发现于印度。

黄木香。

红白桃花。

千叶绛桃。紫色的桃花。

绿牡丹。

杏花杏子。

秋池翠鸟。柳树旁。

金丝桃。还有一只蜻蜓。

垂丝海棠。像野生苹果花或野生梨花。

杏燕。杏花与两只燕子。

凌霄花。还有一只鸟。

石榴。枝上有一只鸟。

玉兰。

蔷薇。野蔷薇。

雪梅。雪中盛开的梅花。

茶梅。

丹桂。

几乎无须说明的是，这个列表基本上仅限于园林所用的花卉和果树，除此之外，还应当加上藤萝、金银花等攀缘植物，以及各种颜色、品种的蔷薇科植物。在中国，人们更喜欢将月季种在攀架上供其攀爬，这一点在古代的记叙和绘画作品中都有体现。

中国花园中同样很常见的还有很多灌木和乔木，其叶子和花有点像金合欢树。其中首先要提到的是槐树，有时被称为佛塔树，在中国自古以来就有种植。槐树是上好的木料，它的树叶、树皮、花都有药用价值，因此槐树也得到了很高的赞誉。槐树的叶子、着花的位置又令我想起了皂荚树。（参见 159 页，图 51）伪刺槐、刺槐相对较小，在瑞士斯堪尼亚和布莱金厄的公园中也被广泛种植。除此之外，夜合树、含羞草、山合欢在中国中部和北京周边也有种植。这些树及枣树的香味都是皇城夏天最难忘的记忆。

中国北方的公园中，要说最好看的树不能漏掉梓树和楸树，由于其大大的白色花朵的形状，也常被称为喇叭树。（参见 158 页，图 50）这两种树有极佳的装饰效果，而且木料价值很高。椿树和银杏树更为高大一些，但花朵较小。椿树的高度非比寻常，因此也被称为天堂树。银杏树得名于其可食用的种子，其英文名"少女头发树"知道的人更多一些。这两种树在中国北方的佛寺中广为种植，尤其是椿树，因为它耐寒、耐旱。银杏树可以长到 40 米高，而且它是古中国植物最令人信服的证据。很久以前，它不仅出现在亚洲广大地区，而且还出现在西欧，乃至格陵兰岛，侏罗纪时的化石可以证明这一点。但现在，它只出现在中国和日本的佛寺旁。另一种稀有的寺庙用树是榕树。

中国北方大部分地区的古寺周围及更为古老的公园中，则主要是松树、柏树等针叶树。第一批得名的树中，最引人注目的是白皮松和油松，前者是因为其颜色，后者是因为其生长方式。几乎没有其他种类的树有白皮松一样雅致明亮的外表，它又高又细，外层的树皮剥落后，树枝发出银白色的光泽，针叶像丝绸一样轻盈柔软。（参见 161 页，图 54）油松则截然不同，它最漂亮的姿态不是高耸入云，而是水平伸展。它有力的枝条像巨大的臂膀保护着地面，整棵树就像一座穹顶，或一把巨伞。因为油松一般长在山上，树冠的形状看上去像是依照地表起伏生长的，非常和谐。（参见 162 页，图 55）

北方城市及周边的古寺中，柏树十分常见，大都是侧柏或桧柏。这两种柏树很相像，如果没有专业知识，靠肉眼很难分辨出来，庄严的寺庙周围主要是桧柏。在古代皇家禁地，例如天坛、先农坛、太庙、孔庙等的周围，柏树像卫士一样静静地挺立着。随着岁月的流逝，很多原本茂盛的树逐渐老去，有的部分甚至枯萎了，但它们仍显得庄严可敬，呈现出自然的创造力量。

中国公园、花园中的树种还包括众所周知的枫树、栎树、榆树、杨树、柳树等，如果逐一列出其名称，显得有些多余。至于果树，有些开花很漂亮的果树前面已经讲过了，其中一些如李树、桃树、杏树、樱桃树等，野生的比种植的更为常见。梨树不管野生的还是种植的都很普遍，但果实大都不太好吃。苹果树也是如此，种苹果树也大多是为了赏花而不是结果。木瓜、枇杷和柿子树更受重视一些，既有野生也有栽培种植。漫步在中国的西北部，高大的柿子树结着酸酸的果实，果实熟透、沾有一点轻霜时，清爽的香味令人神清气爽。另一种很有价值的果树是核桃树，核桃含油量很高，也是很坚硬的木料。其他前面提到过的可以结果的树木中，应当提一下荔枝、枣和石榴。除此之外，还应当加上几种悬钩子属植物，同样既有野生也有栽培种植；以及水生植物，如莲花和菱角，其种子和果实都是广受欢迎的甜品。板栗和榛子在中国中部和北部地区也并不少见。

像中国这样地域广阔、气候多样的国家，是植物学研究的极佳天然场所。上一代有很多著名学者对此进行探索。[①]感兴趣的人会在他们的作品中发现有关中国野生植物的很有价值的信息，但其中几乎没有涉及园林花卉和树木，可能是因为古代园林大都没有保存下来。因此，对于园林花木，我只能提供这些零散的材料；而且，与语言描述相比，插图是更好的信息来源。对中国人而言，种花绝不是一项依据科学方法的系统化的工作，而更听从于艺术的指引。他们在园子里种植、照料一些花木，首先是因为其诗意、象征意义，以及与无穷无尽的自然力量之间古已有之的多种联系。前文已经提到过一些，这里再举 17 世纪爱花人张潮的一段话作为佐证：

"艺花可以邀蝶……栽松可以邀风……种蕉可以邀雨，植柳可以邀蝉。"这种联系并不是张潮创造的，而是传统的，从最久远的诗画作品中都可以发现。花木都有其他自然之物相伴，或虫或鸟，或雨或风，从而更好地阐释它们的象征意义，发出自己的声音。

《园冶》的"园说"篇中有类似的观点，本章便引用其中与树相关的内容作为结尾：

夜雨芭蕉，似杂鲛人之泣泪；晓风杨柳，若翻蛮女之纤腰。移风当窗，分梨为院；溶溶月色，瑟瑟风声；静扰一榻琴书，动涵半轮秋水，清气觉来几席，凡尘顿远襟怀。

①引自恩斯特·威尔逊：《在中国采集植物》，1945 年；《中国，园林之母》，波士顿，1929 年。参见考克斯：《植物探索史》，伦敦，1945 年。

第四章

中国园林的建筑元素

毫无疑问,中国园林的美不会因为缺少花草树木而减弱,这一点也得到了事实证明。这种美展现于曲折蜿蜒的小径和河道,奇形怪状、孔洞相连的假山,沉寂如镜的水塘,以及园林中最不可或缺的元素——建筑。园林中的建筑元素包括带有景窗的围墙和数量众多的亭台楼阁、小桥、长廊。这些独特而生动的元素,带着律动的线条,配合光与影的变幻,和谐地融入整幅园林美景中。

　　围墙和楼阁是最具典型中国特征的建筑。特别是楼阁,对欧洲建筑有着其他中国元素无法企及的深远影响。18世纪中期,带有小桥和长廊的中式楼阁以绘画、陶瓷或木质模型的形式传入欧洲。从那时起,中国的楼阁在欧洲获得了极高赞誉,迅速成为所谓的中英混合式园林的重要元素。这一元素满足了洛可可时期人们对于生动而又私密事物的追求,激发了人们对远东园林艺术的兴趣。当然,在花园中建造一座中国风格的楼阁、壁龛,甚至宝塔,要比搭建一座孔洞相连的假山、开凿一条蜿蜒曲折的小溪,或者建造一座高耸的拱桥更加容易。虽然仿品的建造步骤通常已被极大简化,但这些仿品依然保留了弧形屋顶和装饰栏杆。这些带有传统风格的元素使参观者如登仙境,赞叹不已。中国的楼阁被大量复制,常与土耳其帐篷、阿拉伯清真寺、罗马小礼拜堂、哥特遗址相提并论,成为浪漫风格花园中为数不多又最常用的异国元素。

　　明朝末年以及清朝时期的楼阁,是由这种集中式建筑在漫长的时间里不断演变而来的,在宗教和日常生活中都有广泛的应用。现在,除了桥梁、假山、小岛上的凉亭之外,寺庙、孔庙里依然保存着大量楼阁,还有城门门楼和角楼。不同的楼阁根据其造型的不同,被赋予了不同的用途,如有的楼阁用于学习或者思考,而上文中提到的供观景用的楼阁,四面敞开,更加精巧,如皇冠般立于花园中的石台或假山上。

　　用于学习或思考的楼阁通常称为"阁"或"斋",实际上就是封闭的房间;而那些开放式的、更具装饰意义的楼阁则被称为"亭"或"榭"。这两种不同的楼阁在英文中通常不加区分,都被译为"馆"或"亭",但据我所知,"馆"的意义更加宽泛,而"亭"更多时候专用于园林中的楼阁。《园冶》一书中指出:"榭止隐花间,亭胡拘水际,通泉竹里,按景山颠,或翠筠茂密之阿,苍松蟠郁之麓。"

　　《园冶》中还指出,无论亭还是榭都没有固定的形式,虽然其核心是一致的,但具体形态则由实际环境及建筑师的品味决定。有的亭台楼阁建在方形、多边形,或圆形底座上。方形底座也可能被拉伸成长方形,或四角圆转;多边形底座的某条边可以拱起;而圆形底座有时被一分为二,或变成新月形。有的楼阁结构则更少见,如梅花形和十字形。中国的建筑师乐于在这种装饰性建筑上尝试各种可能的造型。(参见162页,图56)

　　事实上,楼阁的结构和所有中国木制建筑的结构是一样的。主要包括立在两三级台阶高的石台上的支柱(可以是方形、多边形、圆形),柱子顶端连接横梁,横梁支撑着屋檐下的桁条,这些桁条有时起加固或支撑作用。如果屋顶分为上下两层,上层通常由内圈更高的立柱支撑。(参见159页,图52)在大多数此类建筑中,墙壁没有结构功能。开放式楼阁通常没有墙壁,或没有部分墙壁。墙壁的下半部通常由黏土和稻草(或类似材料)混合而成,砌于立柱之间,表面涂有彩色灰泥;上半部则通常变成大格子窗或门。全木墙壁在园林建筑中较为少见,早期的更古老的墙壁一般由砖砌成。总的来讲,园林中楼阁的结构和大多数中式建筑的结构相似,大多建于两三级台阶高的平台或石坛上,由木质的柱子、横梁及柱子间的填充墙组成。

　　屋顶的结构和装饰栏杆决定了楼阁的装饰性。屋顶的形状由底层平面决定。圆阁的屋顶呈圆锥形帐篷状;多边形楼阁的屋顶通常被凸起的棱条分为多个部分;方阁的屋顶则是四坡屋顶;矩形楼阁的鞍形屋顶有时还带有半山墙。(参见163页,图57)无论哪种外形,屋顶总是远远伸出,角椽和翘起的檐端使得屋顶的曲线富有流动性。

　　屋顶通常铺有瓦片,一些重要殿阁的屋顶则铺有深蓝、黄色、绿色的琉璃瓦,配合其形状,如同太阳下闪闪发光的巨大阳伞。(参见165页,图61)屋顶流光溢彩的表面与屋檐下暗沉的阴影形成鲜明对比,使屋顶如同悬浮在张开的翅膀上。虽然屋顶框架的支撑构件通常被隐藏起来,但它们完美地发挥着托举作用,营造出屋顶飘浮在空中的感觉。虽然屋顶的装饰作用越来越得到重视,除了营造美感外,其外形并非毫无实际意义。从装饰的角度来看,屋顶的重要性可以通过帐篷式屋顶与平台式屋顶的对比体现出来。平台式屋顶没有翼角,正是翼角提升了屋顶的整体结构,使之与周围的山石树木融为一体。

蜡菊。依据盛安(16世纪)的画而作的木版画。于瑞典刊印

北京恭王府花园内的平顶阁

中国园林的另一个重要组成部分是长廊。长廊的形式多种多样，有建在堂前露天的游廊或门廊，还有连接建筑、围绕天井的回廊。（参见166页，图62）长廊具有重要的实际功能，它不仅仅作为某一建筑的装饰结构，还用来连接或展示园中最美的景色。即使在烈日或大雨等不适宜户外逗留的天气中，长廊依然吸引着人们在其中漫步或小憩。长廊，以其修长的线条、动人的韵律、交织的光影、变幻的景色，赋予园林统一而又生动的特征。从主厅中延伸出去的长廊，如手臂般环抱着天井花园；沿湖而建或面向远景的长廊，则采用借景的手法，通过变换的框架展示不同的景色。（参见167页，图63—图64）与其他建筑相比，长廊与自然环境结合得更加紧密。有人把长廊比作复调作品中的主旋律。《园冶》中也强调了长廊与地面及风景的结合。书中提到，长廊"任高低曲折，自然断续蜿蜒"（长廊沿曲折的小路或者河道而建）。其他建筑都没有像长廊般得到如此高的赞誉——"园林中不可少斯一断境界"。事实上，任何中式园林都不能完全抛开长廊、游廊，或其他类似建筑。长廊如同树木山水一般，是园林的重要组成部分。

长廊的结构十分清晰明了，柱子之间通常很宽，廊顶却不像楼阁一样有宽阔的房檐。老式长廊的顶部呈马鞍状，但也有带栏杆的平顶长廊，用于欣赏花园美景。由于没有围墙，长廊顶上的横梁和纵梁更加显眼，在廊外就可以看到，所以常常饰以红、绿、蓝、白等色彩鲜艳的花草或几何图样。比这些彩绘装饰更重要的是廊柱间的装饰性栏杆和垂栏。虽然楼阁中也有类似装饰，但长廊的栏杆和垂栏更长而且具有连续性，因此更加引人注目。栏杆和垂栏连续不断的轮廓突出了长廊的环绕和框景功能，其通透感也有助于光与影的生动结合，这些特征对于园林中的建筑结构非常重要。（参见168页，图65）

如何确定廊柱间的带状装饰物是栏杆还是垂栏仍需商榷。如果以其装饰作用的重要性为依据的话，只有一种鉴别角度：位于长廊底部的是普通的栏杆或扶手；而长廊顶部的垂栏则上下颠倒，位于屋檐横梁下方，通常由廊柱上伸出的支架支撑，在屋檐下起装

饰作用。因此长廊顶部的垂栏与垂帘类似。长廊上下部位的栏杆一般有同样的装饰图案。（参见169页，图67）

大部分栏杆的花纹是由直线围成的方形、矩形、三角形、菱形、多边形的图案组合而成。这些图案完美地排列起来，避免破坏线条的流动性。这种设计模式使花纹看起来永无穷尽，这种效果正是长廊的魅力所在。同时，这种设计模式还具有相当大的变化空间，因为图案不仅可以纵向排列，还可以斜向或横向排列。

通过研究《园冶》一书中的例证，我们总结出了（至少在理论上）可行的各种图案排列。为介绍这一系列图案，作者在书中提到：

予历数年，存式百状，有工而精，有减而文，依次序变幻，式之于左，便为摘用。以笔管式为始，近有将篆字制栏杆者，况理画不匀，意不联络。予斯式中，尚觉未尽，尽可粉饰。

明朝末期，篆文才作为装饰性图案用于栏杆上。这一观点的说服力并不强。如果属实，那么所使用的汉字必须十分简洁。但这类栏杆并没有保留下来，无论原建筑还是复制品。《园冶》的作者所列举的图案系列并不完整，其实这个系列包括60种不同的图案模式，我们根据每种图案的核心结构对其进行了分类。将这60种图案全部描述一遍将耗费太多篇幅，因此我们只研究其中最具特色的几种。

第一组是之前提过的笔管式图案。之所以叫这个名称，或许是因为这一图案的主要特征是突出的垂直线条，在适当之处由水平短线将这些垂直线条连接起来或分割开来。第二组包括横环式和纵环式图案，这种图案的核心结构是由圆角或斜面角矩形组成的环或链，因此统称为环式图案。这些矩形横竖交错，呈十字状。第三组是环绕（或封闭）方形图案，是由圆角的方形或长方形相互重叠交错组成的链状序列。环绕方形图案包含一些装饰性更强的变体，例如将图案中重叠的部分变得更复杂或数量加倍；或将其中的方形图案替换成菱形图案。第四组是三角式图案，其主要图形是部分重叠或由线条相连的等边三角形。三角式图案有很多变体。第五和第六组则包括一些更加复杂的图案，这些图案多以花命名，例如芙蓉、梅花、葵花等。这些图案是由弧形的小花瓣连在一起，组成展开的花盏。或许由于技术难度较大，这种图案不如直线形的图案常见。其中一些，如锦葵式图案，曾出现在复制品中。另一种非常复杂的样式叫作镜光式，这种图案是由圆形套在方形里，再由更小的图形连接在一起组成的。除了出现在《园冶》一书的作者所绘的插图中，镜光式是否实际存在仍是个问题。这位作者似乎难以抗拒对某些图案进行改变所带来的乐趣。必须要承认的是，其中一些图案并不适用于木质结构，也不坚固耐用，例如波纹式图案，它更适合用金属而不是木材来制作。冰裂纹则是一种常见的图案，常用于栏杆、格子门窗上。

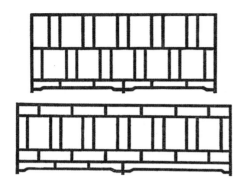

·《园冶》中的笔管式栏杆

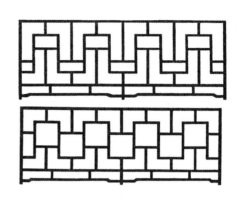

·笔管变式

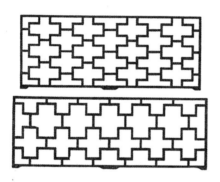

·横环式和纵环式

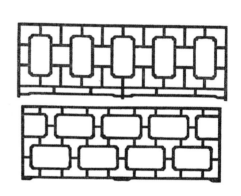

·横环式和纵环式变式

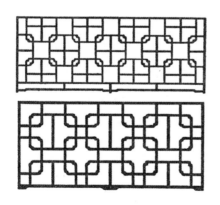

·叠套方形

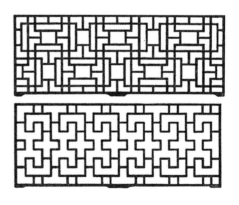

·叠套方形变式

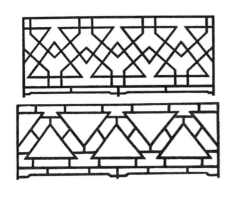

·对接菱形

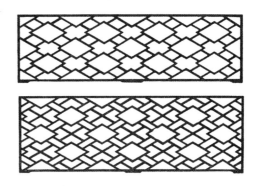

·叠套菱形

·三角变式

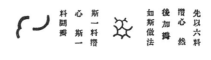

先以六料
攒心
然
后加瓣
如斯做法
心斯一
斯一料攒
料關瓣

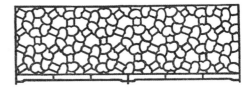

·锦葵式

·装饰边

·葵花式

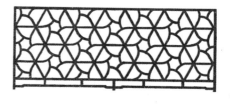

·葵花变式　　　　　　　　　　　　·联瓣葵花变式

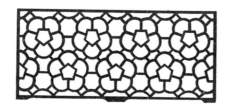

·葵花变式　　　　　　　　　　　　·波纹式

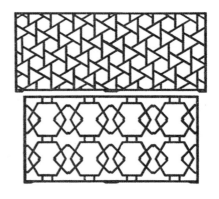

·镜光式　　　　　　　　　　　　·冰片式及环式变式

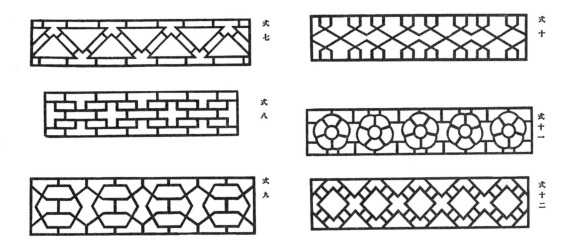

式七

式八

式九

式十

式十一

式十二

· 墙和卧榻的花纹图案

一式阑短

二式

三式

四式

七式

八式

· 短栏式图案

作为栏杆的补充，《园冶》一书还介绍了尺栏，尺栏是墙边或屋顶上的装饰框架，也可以用在躺椅和床上。尺栏的图案与栏杆的图案大致相同，只是更简单、更狭窄，看上去更像花边。《园冶》一书中还提供了"短栏式"的图例，短栏还称为装饰板。虽然短栏和长廊的栏杆具有同样的装饰作用，但显然短栏要短得多。在长廊的栏杆图案上花费如此多的精力，最初可能令人惊讶，但这并不是中国人对栏杆图案极度重视的唯一证明；在中国人看来，栏杆图案的生动性对于园林的整体布局有重要影响。常用于其他大型建筑和园林建筑的门窗上的装饰格子，书中却鲜少提及。

为了全面了解这种格子的重要性，必须首先认识到，园林建筑的窗户上没有镶嵌玻璃，而是贴了透明的窗纸。因此，人们把细长的木条排列成装饰性的图案置于窗纸前，不仅为了装饰，也起加固作用。这些图案如同白纸上黑色的剪影，带给人们高雅而轻盈的感觉，就像园中四面敞开的建筑。除此之外，由于不能像透过玻璃那样透过窗纸看到室内，纸窗更给人一种私密感。也是出于这个原因，一些矮小的建筑如同隐藏在突出的屋檐下，显得有些怪异。当屋内点起灯，窗棂上偶尔闪现出朦胧的影子，产生一种神秘感，令人着迷于这种飘忽不定的感觉。（参见 171 页，图 71）

中国的园林爱好者们持有一种观点：虽然格子窗与园林的联系并不紧密，但它对于房屋而言有重要的装饰功能。戴谦和教授的《中国窗棂》一书中提供了大量此类装饰样例，在此借用该书中的一些例子。

在常见的窗格设计中，平行四边形和方形元素最常用于门板上。这两种元素结合起来，构成十字或星形图案。（参见 171 页，图 71）另一种常见图案是由六角形或八角形组成循环的方形或其他形状。如果图形和空白处都很小的话，整个图案看上去就像由藤条或竹骨编织而成的。

另一种与编织型图案完全不同的类型是由横纵线条围绕一个或多个中心构成的图案。在这种类型的图案中，连续的板条由简单的横肋或装饰性的花朵、圆钮、钩子连接起来。平行的板条可以被转化成延伸的矩形，这些矩形被分割成相间的部分或者三角板，底部折起来时，就形成了源自青铜器的最常用的回形波纹。这种图案有多种表现形式，或是围绕着窗格的中心孔，或是填满整个窗格，有时候还会与横条或纵条结合起来。

与螺旋纹或回形波纹相关的另一种图案由相连的卍字组成，这些卍字或平行排列，或互相交叉。卍字图案有无数种可能的组合。一些事实证明，在过去的两三百年间，至少在中国西部，卍字是最常用的装饰元素。卍字在世俗中象征中国的"万"字，在佛教中象征佛陀的足迹。因此，卍字常常用作长寿或幸运的象征，用于表达对幸福长寿的祈愿。

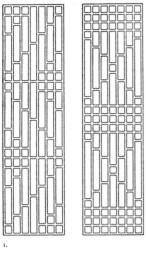

1.

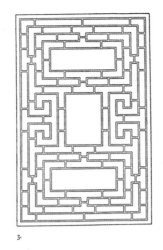

3.

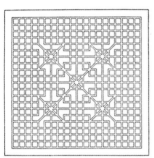

2.

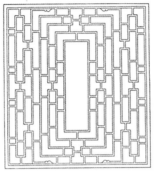

4.

窗格:

1 平行四边形样式。

2 带有星形的平行四边形样式。

3、4 带有中心孔的间隔平行四边形样式。

刊于戴谦和的《中国窗棂》

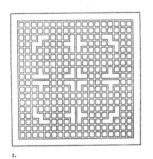

1.

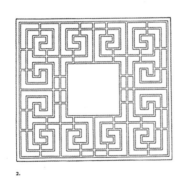

2.

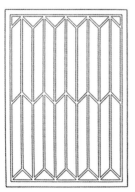

3.

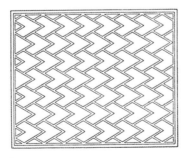

4.

窗格:

1 组成方块和十字的平行四边形。

2 带有中孔的回波纹式。

3、4 波纹式。

刊于戴谦和的《中国窗棂》

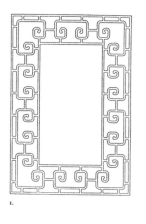

1.

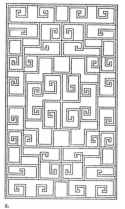

2.

3.

4.

窗格：

1、2 雷纹或云纹式。

3、4 卍字式变体。

刊于戴谦和的《中国窗棂》

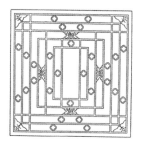

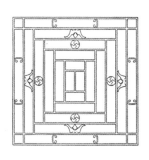

窗格：

带有定型的花和蝙蝠的四边形中

心孔式窗格。

刊于戴谦和的《中国窗棂》

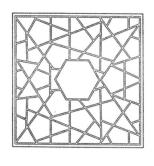

窗格：冰裂纹。

刊于戴谦和的《中国窗棂》

另一种同样有着悠久历史的常用装饰元素是云纹，又叫雷纹，由向内翻转的S或U形图案组成。至少从周朝开始，这种纹饰就被用在了所有材料上，包括翡翠、青铜、木材、绸缎等。在窗格中，云纹主要用作边线，但也有将云纹大面积运用于整个窗户上的实例。这里举的例子足以显示出材料的丰富多样，这延续了古老而又根深蒂固的传统。中国人尝试将同样的线条尽可能多地应用于不同材料上，这可以从一种被称为冰裂纹的窗格设计上得到证明。冰裂纹表现的是刚刚凝结的冰面上偶然产生的裂纹，这种裂纹有时是规则的三角形、四边形、五角形，有时则由不规则的或大或小的碎片组成。在中国，冰裂纹是一种非常常见的装饰纹样，例如常出现在赏瓶上。在西方国家，冰裂纹也偶有发现。冰裂纹精巧别致的特征使其特别适用于楼阁的窗户和栏杆上，这一点从18世纪及以后的建筑中可以看出。（参见170页，图68）

前文中提道，《园冶》的作者并没有在窗格上花费太多精力；另一方面，他在书中详细描述了墙壁上的砖雕窗孔。窗孔与园林构造的联系更为紧密。书中指出："工精虽专瓦作，调度犹在得人。触景生奇，含情多致。轻纱环碧，弱柳窥青。伟石迎人，别有一壶天地；修篁弄影，疑来隔水笙簧。佳境宜收，俗尘安到。切记雕镂门空，应当磨琢窗垣。处处邻虚，方方侧景。"

现在，我们将注意力放在墙壁或其他环绕花园的相似建筑的窗孔上。窗孔内有时也填充了装饰图案，但这些图案是用砖而不是木条制成的。与普通建筑上的木条窗格相比，窗孔的图案更精细、更复杂。《园冶》一书中提到，砖雕花窗可以带来令人惊喜的效果，能吸引人去注意特定的某一点；但花窗也阻挡了人们欣赏周围风景的视线，特别是雕刻的题材是鸟、云、树时。

花窗虽然并不是墙壁上的唯一装饰品，但在很多时候，花窗本身就是园林中不同景色的重要背景，因此值得我们花更多精力去了解。

当我们把注意力转向墙时，需要立刻意识到的是，"墙"这一概念在中国有着截然不同的意义。中文中的"墙"有"城墙"的意思，但有些城墙并不局限于城市。在中国北方，许多村庄和小镇的居住区外也有高墙环绕。而长城更是被看作中国的象征。

边界墙最重要的功能就是隔离和防御，这一点无须赘述；但需要强调的是，古城墙可以说是中国最宏伟的建筑。大多数情况下，城墙内部以泥土和碎石填充，表面由多层砖块砌成。城墙的厚度通常比高度略小，可以通过上升的坡道登上墙头，墙头的空间足以供马车通行，并设有瞭望台，还或多或少种了些树，使得一些古城墙成了散步的好去处。

花园的围墙自然不能与城墙、皇家园林或寺院的围墙相提并论，但花园的围墙依然为整体布局平添了一份宏伟大气，与园中其他精巧别致的建筑形成鲜明对比。这种对比十分明显，而且经过了精心布置，突出了围墙及园中楼阁长廊的建筑特点。

五福捧寿花窗。刊于《园庭画萃》

扇形花鸟花窗。刊于《园庭画萃》

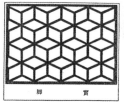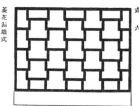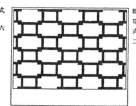

砖墙图案

　　根据《园冶》中的描述，花园围墙通常"多于版筑，或于石砌"，作者还补充道："或编篱棘。夫编篱斯胜花屏，似多野致，深得山林趣味。"上文中描述的是常见的花园围墙，围墙的墙皮则在题为"白粉墙"的章节中有所描述："历来粉墙，用纸筋石灰，有好时取其光腻，用白蜡磨打者。今用江湖中黄沙，并上好石灰少许打底，再加少许石灰盖面，以麻帚轻擦，自然明亮鉴人。倘有污积，遂可洗去，斯名'镜面墙'也。"

　　墙壁成为园林中迷人的基本元素的关键不在于墙面的材料或对墙面的处理，而在于墙壁与景色及地面的紧密联系。园林中的墙壁几乎不会完全呈一条直线或出现尖锐的转角，而是依地势蜿蜒起伏，因此显得灵活生动，而不是僵硬地搭建起来。篱笆也是如此，不管竹篱还是棘篱，都显得更为生动。（参见 171 页，图 70；173 页，图 73）

　　光滑的白墙是摇曳树影和竹影的绝妙背景。（参见 172 页，图 72）在月光清亮的夜晚，树影映在白墙上，如同浅灰色纸上的水墨画。除了白墙，红墙在园林中也很常见，特别是皇家园林和皇城的神殿。在时间和气候的作用下，红墙的颜色从砖红逐渐过渡到长有青苔的棕绿色，与泥土和古老的松柏完美相融。皇家园林的墙顶覆盖黄色、黑色、深蓝色的瓦，使得围墙的装饰作用更加显著，普通园林的围墙顶则以薄砖装饰。

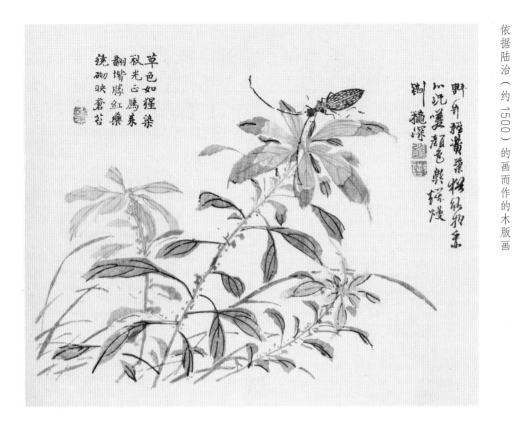

墙壁的作用实际上不仅仅局限于封闭围绕或截断，它也可以作为园林某一特定部分的背景，在这一点上，门和窗透出的景色非常重要。事实表明，门窗中透出的生动剪影，是人们致力于创造的令人惊叹的景色。（参见 173 页，图 74）

要进入住宅中围墙环绕的花园至少需穿过几道门，这些门建得像鞍形顶的亭子，装有厚重的门板和门闩，将住宅区与外界隔绝开来。但这并不能勾起我们的兴趣。在到达花园门之前，需要穿过至少两重庭院；抵达花园时发现，园门通常不是方形，也没有边门。大多数年代久远的花园门呈八角形或圆形，后者又被称为月亮门，更为常见。

传统上中国人认为，月亮门可以展现出最和谐完美的风景，如同圆镜中的图画。月亮门有悠久的历史，而其他中国园林中常见的门型，如花瓶式、葫芦式、花瓣式、叶片式等，则稍后才出现。（参见 177 页，图 78）毫无疑问，经过几个世纪的发展，精心设计的园门廓形和其他装饰呈上升趋势。明朝末期，园门常建成花瓣、如意、乐器等样式，《园冶》中的插图保留了这些样式。其他一些式样的园门，如新月式、贝叶式，以及一些特殊的花朵样式，可以在现今保留的花园中看到。

但种类更丰富、更令人惊叹的还是要数窗户上的植物透雕。这些植物纹样不仅包括花、叶、果实，也包括各种器具，如扇子、半开的画轴、花瓶、水瓶、坛子、茶壶以及其他一些让人意想不到的物品。（参见 178 页，图 79、图 80;181 页，图 84）这些植物纹样可以看作创造视觉假象的一种尝试：透过这种漏窗向花园望去，可能会看到映衬在天空或树木上的巨大花朵或果实。可以想象，当漏窗呈扇子或画轴形时，透过漏窗看到的风景就像绘画的片段一样。但当漏窗的样式是茶壶、灯笼或乐器时，这种解释就行不通了。这些样式似乎只是人们对于有趣的装饰品的追求。种类丰富的窗影起源于宋朝，但各种日常用品的图案直到 18 世纪才出现。这些漏窗的唯一作用就是供消遣和装饰，使墙壁看上去更生动，而墙壁的生动性则首先取决于其自身蜿蜒起伏的特点。

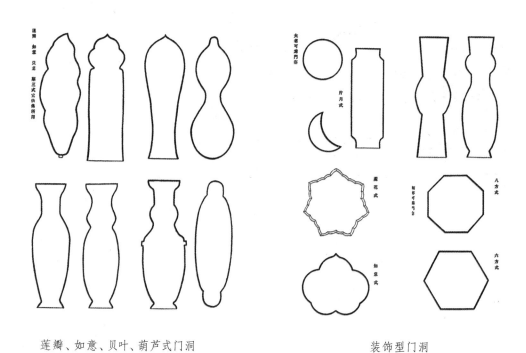

莲瓣、如意、贝叶、葫芦式门洞

装饰型门洞

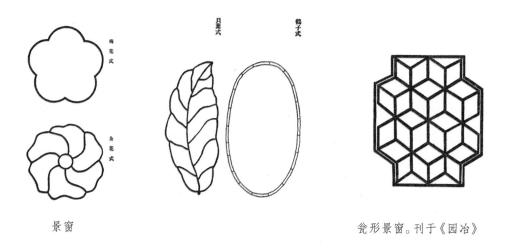

景窗

瓶形景窗。刊于《园冶》

墙壁或者砖房上的漏窗有时也会以几何图形（参见 179 页，图 81）或自然景物为题材，将陶土或铁片制成的花鸟树木组成绘画作品。值得注意的是，自然题材的夸张运用早在明朝就受到了园艺爱好者的质疑。《园冶》的作者就多次批评以自然景物为题材的装饰，例如："历来墙垣，凭匠作雕琢花草仙兽，以为巧制，不第林园之不佳，而宅堂前之何可也。雀巢可憎，积草如萝，祛之不尽，扣之则废，无可奈何者。市俗村愚之所为也，高明而慎之。"

砖雕花窗。刊于《园庭画萃》

与园内的装饰性建筑相关的是，《园冶》的作者提到了园中小径的观赏性路面。路面花纹是栏杆花纹模式的复制或补充。虽然在很多亭阁建筑中，桥发挥着与栏杆相似的功能，并且直接连接着路面。奇怪的是，《园冶》中没有任何关于桥的内容。在欧洲，人们认为桥和亭子具有最典型的中国园林特征；桥的种类则十有八九是中国最典型的高拱桥，高高拱起的桥身与水面上的倒影连成完整的弧线。这种拱桥多由大理石建造，配有雕花栏杆，常出现在皇家园林中，是园林桥梁中宏伟壮丽的代表。（参见 180 页，图 82）私家园林里的拱桥比较简朴，桥身不是由砂浆砌合的，而是由木料拼接而成。另一种连接道路两端的桥，桥面由长板拼成"之"字形，也由木头搭建。（参见 181 页，图 83）从其复制品判断，这种桥在康熙和乾隆年间非常流行，自然延续着敞轩和蜿蜒小径的线条。

有的河道很浅，而且一年中大部分时间是枯水期，这时，桥可以被大块的踏脚石取代。这些石块矗立在河床或水道上，间距适中，石块的外表越粗糙，越能带来中国文人推崇的天然风景。（参见 165 页，图 61）石灰岩和大理石板也是铺路的材料，或单独使用，或与鹅卵石、小石子混合使用。（参见 182 页，图 85）由碎石和沙铺成的路在中国很少见，也许是因为这种路不适合中国人常穿的软底鞋。

路面上的拼花是最重要的装饰物，有时与建筑上的花纹相同。路面拼花是将方砖、鹅卵石或石子镶嵌在平整好的地面上。只使用鹅卵石的拼花图案更注重强调富于变化的色彩；若加入或只使用方砖，则更易拼成直线形图案。方砖可以被切割成各种形状，或放置在图案边缘，组成《园冶》中绘制的各种几何图案。根据《园冶》中的图例推测，中国人铺设的路面拼花也十分精巧，显然其主要构思是用类似编织地毯的东西把路面覆盖起来。很多时候，方砖铺设在外围，内部由不同颜色的鹅卵石或小石子填充。《园冶》中指出："破方砖可留大用，绕梅花磨，冰裂纷纭。"

《园冶》对如何铺设鹅卵石路面也有指导："园林砌路，惟小乱石砌如榴子者，坚固而雅致。曲折高卑，从山摄壑，惟斯如一。有用鹅子石间花纹砌路，尚且不坚易俗……鹅子石，宜铺于不常走处，大小间砌者佳，恐匠之不能也。或砖或瓦嵌成诸锦犹可。如嵌鹤、鹿、狮球，犹类狗者可笑。"[①]

鹅卵石块及各色小石子拼成的路面。
刊于《园庭画萃》

单独由砖块或由砖块及鹅卵石拼成的几何形路面图案。刊于《园冶》

《园冶》的作者由此告诫读者，不要采用那些在他看来十分粗俗的自然图案。这一点他可能是对的；但从另一方面来看，即便现在，一些古老花园的小径上也可以看到成行的鸟、鹿、骆驼及其他动物图案，这些动物图案既有趣又使人印象深刻。北京的恭王府内就有一组骆驼商队的动物拼花路面残迹。其中一些动物由于年代久远、风沙侵袭，已经模糊不清了，另一些却依旧生动鲜活，如同真正的商队，在驼铃声中缓缓地穿过北疆城门。时间流逝并不能减弱这种错觉，而恰恰是残缺的部分使人产生无限遐想。即便这些不甚重要的细节，也可使观者的思绪透过有形的图案，飞向更远的地方。

---

①关于石头的质地，《园冶》中也有评述："六合县灵居岩，沙土中及水际，产玛瑙石子，颇细碎。有大如拳、纯白五色纹者，有纯五色纹者，其温润莹澈。择纹彩斑斓取之，铺地锦如。或置洞壑及流水处，自然清白。"

第 五 章

文 学 和 绘 画 中 的 园 林

中国的文人们一直在探寻园林艺术的历史，努力想证明园林艺术同其他艺术形式一样，在中国有着非常悠久的传统。[①]他们主要依据的是《诗经》中的许多描述，其中提到了平台、水塘和果树。这些古老的诗歌并没有呈现出实际的园林景象，然而，当时确实有挖水塘的风俗，把挖出的土堆在房子周围，形成小山和平台（最初用于祭祀土地）。大概就是在这种风俗的影响下，园林艺术逐渐发展起来。

秦汉时期，伟大的皇帝们试图维持长治久安，通过富丽堂皇的排场显示其巨大权力。他们为自己建造各种宫殿，不仅有游乐场所，有珍奇树种，更有层叠假山、亭台楼阁、水塘、长廊。无论规模还是装饰设计，这些宫殿都远远超过之后所有的皇家园林。我们经常提到这样的宫殿，例如秦始皇的阿房宫、汉武帝（公元前140—前87年）[②]极为精美的未央宫，位于现在陕西省咸阳市附近。依据当时模糊而又精彩的描述可以判断，这些园林更像是用来狩猎的，其中有大量珍禽异兽，树木枝繁叶茂，亭台楼阁装饰得十分奢华。

皇帝们建造这样华美的园林，不仅出于对自然的热爱和某些实际需求，而且出于对道家自然神秘主义的极大兴趣。他们渴望把自己的住处变成人间仙境，希望借助长生不老药和一些修行实现永生，尽管有时这样的办法似乎反而导致了折寿。宋明时期的艺术家对此大肆渲染，极力描绘这些美轮美奂的宫殿和园林。他们赞美大理石的平台、精致的楼阁、高耸的宝塔、开放的长廊及其他建筑元素，将其置于繁茂的树木和镀金的石头之中，白云缭绕，岂不妙哉！他们的绘画跟文字一样，既震撼人心又美妙绝伦，但完全没有史料价值。（参见184页，图88）

汉朝另一座著名园林是梁孝王曜华宫附近的休闲公园——兔园。传说其中有一座百灵山，有一个洞穴叫作栖龙岫，还有鱼池、珍奇树木和花鸟。这个园林的众多构成元素都成了后世中国园林的主要特征。

在同一时期及其后的几百年中，有几座园林中也有洞穴和山峰、蜿蜒的小径和水道、葱茏的树林、蔓延的植被，这些绝佳景致都给人留下了繁茂而又随性的印象。但这些园林最重要的特征是精心建造的假山，主要由取自北邙山和附近其他山丘的石块构成。毫无疑问，这些更加精美的游乐园林中基本的构成元素是山水。

大体上，园林艺术的发展延续了风景画的发展路线，这两种艺术都源于道家哲学的浪漫主义观点。道家主张内在和外在的"回归自然"，即人类个体在精神和物质层面与自然建立起最为亲密的关系。人类个体的生命反映出与自然界不断变化的生命形式相一致

---

① 《园冶》，1933年新版，阚铎作序，还可参见包贵思依据吴世昌的中文论文而作的节译版《中国私家园林起源笔记》，《中国科学美术杂志》，1935年7月；朱荫桐：《中国园林》，《天下月刊》，1936年10月。
② 汉武帝，公元前156—前87年。原文日期有误。——译者注。

的节奏。例如，著名画家顾恺之和宗炳（公元375—443年）认为，绘画应该可以替代自然界中的实际场景；宗炳还认为，一幅好画能使观者仿佛漫游在阴暗危险的悬崖峭壁。这种理念为绘画以及园林艺术奠定了基础。

道家学者和艺术家们，在他们的简单住所或隐居之地周围建造园林，这样的园林在设计的规模和标准上与富有的贵族们所建的园林大不相同。这些园林通常规模较小，且位于一些人迹罕至的地方，如山间或河岸。山上的梯田种着竹子和李树，河岸上种着柳树，房屋外面满是果树和菊花；园林四周被竹子或是枣树树枝做成的篱笆围起来，在一些后世的园林中也可以看到。这样的园林有助于与自然建立更加亲密的联系，将居住于园林中的人与他们在生活和作品中试图表达的独创性联系到一起。

这些哲学家对其园林的重视以及他们所感知到的与花草树木的共鸣，可参见陶渊明的散文诗《归去来兮辞》，这首诗作于5世纪初。陶渊明辞去朝中官职归隐田园，悠然自得，赋予他的诗词一种恒久的乐趣。这里引用诗中的一部分段落：

归去来兮，田园将芜胡不归？既自以心为形役，奚惆怅而独悲？……舟遥遥以轻飏，风飘飘而吹衣。……乃瞻衡宇，载欣载奔。……三径就荒，松菊犹存。

园日涉以成趣，门虽设而常关。……云无心以出岫，鸟倦飞而知还。景翳翳以将入，抚孤松而盘桓。

然而，这不只限于道家的自然神秘主义者和对园林感兴趣的诗人们。新引入的佛教也对园林艺术的发展起了促进作用。在4世纪至5世纪，此时的佛教有了越来越多的变化，各地都建了许多寺庙。这些寺庙大都建在风景优美的地方，可以建造各种各样的园林。最知名的分支之一慧远（公元334—416年）创建的白莲社，其圣城在江西省庐山市。这里有一座很大的自然园林，来自全国各地的弟子们云集此处接受教导。回到家乡后，他们就竭尽全力建立类似的组织和所谓的庐山园林。佛教促使人们更加深入地到自然界中生活，进而成为绘画和园林艺术的灵感来源。当中国人结合本土的思想形式（例如禅宗）改变了印度宗教后，这种发展变得更为明显。自然的泛神论是道家思想复兴、提炼后形成的，这一思想与内省的宗教形式屡次相互作用，特别是在宋明时期。这对绘画产生了决定性的影响，从而间接影响了园林艺术。

富人们转向了这种新的宗教，离开园林来到佛教寺院，其目的是当他们死后到了另一个世界时，还能确保其特权。这种现象很常见。《洛阳伽蓝记》刊于公元547年，其中详细描述了张伦的一座园林："园林山池之美，诸王莫及。伦造景阳山，有若自然。其中重岩复岭，嵚崟相属。深溪洞壑，逦迤连接。高林巨树，足使日月蔽亏；悬葛垂萝，能令风烟出入。崎岖石路，似壅而通；峥嵘涧道，盘纡复直。是以山情野兴之士，游以忘归。"

这种描述相当模糊，但确实细致地记载了园林基本规划中的一些有特点的元素，例如小路、水道、假山，使整座园林达到如画般的效果。显然，这与后世园林原则上是一致的。

更加著名的金谷园最早出现在4世纪，为当时最富有的人石崇所有，但我们很难从一些传奇的描述中得知这座富丽堂皇的园林的全貌。当时居住在此的是一名叫作"绿珠"的女子。后世有一些艺术绘画，如明代仇英的画作也呈现了金谷园的样貌，这位画家用尽了所有才能去展现节日的光彩和女性的优雅，但对我们而言并没有实际帮助。（参见186页，图96）

如果我们一开始就关注古代的绘画，会发现一个类似园林风格的主题——研习亭或隐士住所，通常位于山间平台或峡谷之中。相比装修华丽的宫殿式园林，这样的园林出现的频率更高。自然园林与居住于自然之中的需求联系更为紧密，诗歌、绘画以及园林艺术都可以反映这种需求，有时甚至进行夸张强调。在众多描写僻静的亭台和园林的诗歌中，尤为值得一提的是诗人谢灵运的一首诗《田南树园激流植援》，直到现在仍为人称道。尽管诗风简明，却成功塑造出一种传奇的氛围。他这样写道："中园屏氛杂，清旷招远风。卜室倚北阜，启扉面南江。激涧代汲井，插槿当列墉。群木既罗户，众山亦对窗……"[1]很明显这是一座小而隐秘的园林，北面靠山，南面开阔面向河流。诗中只提到了木槿，但无疑还有菊花和竹林，以及其他更高大的树木，树枝形成的阴凉遮住了亭台。

都城位于南京的刘宋（公元420—478年）[2]时期，与自然界情感相关的艺术活动进一步增多。风景画已经成为一个独立的分支。与王维笔记中所写的自然不断变化的情绪一样，这些笔记以及对于其他同时代画家的观察，对园林艺术发展都有影响，但这些内容已经超出了我们的研究范围。这一时期，这两个艺术的分支已经产生了密不可分的联系。从现在的覆刻本来看，著名画家张僧繇（活跃于6世纪初）似乎已经发展出了一些典型模式，以呈现这样的情景。其中有一处隐士居住的草堂，在山脚树林之间，山间河岸边有一座开放的亭子，林中有一处繁花盛开的水塘，其他画作中还有一些类似内容。此外，有时会增加一处小园林或者果园，抑或多节的松树和随风摆动的竹林。但是，正如前文所述，隐士居所也可能位于湖岸或河岸上，这里的柳树及其他树木会提供阴凉，有充足的空间可以栽花种树。

北宋赵大年和李玮的画作中已经展示出这些不同种类的元素，前者呈现出的是一座开阔的亭子，建在一小块伸入水中的陆地上；后者展现出的是一个隐居或避暑之处，位于

---

① 《中国科学美术杂志》，1935年7月。
② 南朝刘宋时期，公元420—479年。原文日期疑有误。——译者注。

山脚下，有几座围墙环绕的小亭子，竹林繁茂。（参见 137 页，图 10；140 页，图 16）出现较晚的是扬补之①的一幅水墨画。画的是一座园林的围墙，墙内一座低矮的茅草屋占据中间位置，剩余区域都被隔开，大概是为了种花或药草。（参见 184 页，图 91）从画上看，这座园林并不完备，但目之所及，皆是岩石、松树、竹林和花草。中间的小屋为居住者提供了免受打扰的清净之地。大约与此同期的还有之前提到过的徐世昌的画，他画的是一处依水而建的研习亭，水一直流向山脚下，山脚下有一小块土地被尖尖的篱笆围了起来。竹林和抽芽的李子树向篱笆倾斜，挺拔的松树和光秃秃的柳树位于前景左右。这种布局很典型，雾蒙蒙的天气也是如此，山峰的轮廓显现出来。自南宋开始，马夏画派的艺术家们都特别偏爱这类画作。（参见 137 页，图 11）

　　元代开始，就不乏再现自然的传奇之作，园林要素也启迪了很多画家的灵感。这其中有倪瓒画的《狮子林图》和《西林禅室图》（原本被东京山本先生收藏）。这两幅水墨画一气呵成，内涵丰富，不仅能从中看到园林的元素，更能感受到园林的风格和氛围。（参见 184 页，图 89）

　　明代许多画作在基本特征和主题的构成元素方面更具指导意义。例如，文徵明屡次涉及这一主题，表明园林是他作为哲学家和艺术家生活的重要方面。所以，在一幅有特色的画作中可以看到，他在一座开放的亭子中看书，亭子位于高山脚下，四周树木环绕。山间小溪在亭前蜿蜒流动，遇到石块阻隔时溪面变宽，有个人正慢慢走来。这是此类画作中常见的情形。（参见 186 页，图 97）这座亭子与另一座亭子相衔接，两座亭子的位置形成一个角度；再往远处看，在陡峭的岩石后面，有一片植物园。很难说里面种的到底是什么，但显然这座园林实现了山中的田园生活。

　　在另一幅画作中，文徵明所绘的是一座读书阁或禅室。禅室位于宽阔水道中凸出的一座低矮山丘上。他坐在其中，与一位友人畅谈。另外还有几栋开放的建筑，四周被编织的篱笆环绕，茂密的树木遮住了这些建筑。（参见 140 页，图 17）这种布局不仅与这些哲学家毫无阻碍地欣赏水景的期望完美吻合，而且满足了他们闲云野鹤且看云卷云舒的渴望。如前所言，处于河岸之下的位置比山间平台上更加常见，特别是中国中部地区，例如多水的苏州一带，曾有很多伟大的画家住在此处。

　　唐寅有一幅画，画的是一片梧桐树林中的一处禅室。禅室的门是推拉格子门，屋顶是茅草的，这些在日本仍然沿用。禅室外是庭院，有充足的空间可以栽花种树。整个院落由很高的编织篱笆围起来。（参见 184 页，图 90）这里面的构成元素十分简洁，但是这幅

---

① 扬无咎（1097—1169），字补之，号逃禅老人，南宋画家。书学欧阳询，用笔气势劲力，小字清秀有力。——译者注

画却展现出一种非同寻常的氛围和微妙的色调。无论房屋,还是树木、土地,都暗含印象派式的对于光影的使用,因此变得栩栩如生。

之前提到的项墨林的画作,相比其他艺术家的作品,细节更加丰富,因此更具指导意义。(参见139页,图14)图中可见,这位传统的哲学家与友人一同坐在一个开放的茅屋中,侍从正在旁边的屋子里准备茶水,一位访客正走近前景中河上的一座石桥。茅屋旁边可以看到芭蕉,芭蕉的四周是编织的竹篱笆。其背景是密密麻麻一排排的果树和松树,轮廓映衬在薄雾笼罩的小山上。这一主题的另外一种变化形式是高凤翰所画的陶渊明的菊园,此前也提到过。

所有这些画作中都包含与世隔绝的读书阁或诗人的小屋,园子里种着果树、竹子和鲜花,这些作品的内容都与古诗相契合。尽管这些诗歌的文字表达和其中暗含的氛围非常明显,但由于它们没有传达出重要的内容,所以我们没有必要在庾信(6世纪中期)的《园庭诗》或是宋之问(7世纪末)的《蓝田山庄》上花费太多时间。这些诗歌有文学价值,却不像园林的历史记录一样重要。著名诗人、画家王维(约692—761年)对其在陕西辋川的乡村住所的诗意描绘也是如此;令我们着迷的是其氛围,而不是那些具体的描述。

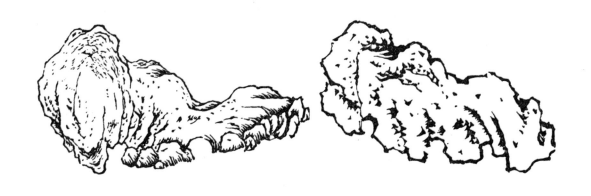

左为醉石,右为醒石。这两块石头位于著名诗人、政治家李德裕的平泉别墅内

但同时，王维的乡村住所画作还是会引起我们的兴趣。原画已经丢失，而之后复本的变动在某种程度上十分随意。最准确的大概是从石雕上拓下来的作品。从这些拓片来看，地面上有许多小亭子或其他建筑，散落在破败的乡村小山的山坡上。村中的水形成了深深的沟渠，岩石将地面抬升起来。四周围着篱笆，枝叶茂密的树木形成荫凉，小亭子半掩在竹林中。有的地方被篱笆围住，里面种着各种各样的果树，如李子、梨和杏；有的地方四周是墙，大概是为了种蔬菜和药草。这些地方明显不是为了游乐，而是有实际用途，就像一座农场一样。正是因为在这破败的乡村中，既有园林，又有未开发的自然之地，才会在高山背景下留下如画般的印象。（参见 185 页，图 92—图 93）

　　唐代诗人白居易（公元 772—846 年），在《庐山草堂记》中更为详细地描述了他隐居的茅屋，茅屋位于江西匡庐山山坡上：

　　三间两柱，二室四牖[1]，广袤丰杀，一称心力。洞北户，来阴风，防徂暑也；敞南甍，纳阳日，虞祁寒也。……是居也，前有平地，轮广十丈；中有平台，半平地；台南有方池，倍平台。环池多山竹野卉，池中生白莲、白鱼。又南抵石涧，夹涧有古松、老杉，大仅十人围，高不知几百尺。修柯戛云，低枝拂潭，如幢竖，如盖张，如龙蛇走。松下多灌丛，萝茑叶蔓，骈织承翳，日月光不到地，盛夏风气如八九月时。下铺白石，为出入道。堂北五步，据层崖积石，嵌空垤堄，杂木异草，盖覆其上。绿阴蒙蒙，朱实离离，不识其名，四时一色。又有飞泉植茗，就以烹燀，好事者见，可以永日。……春有锦绣谷花，夏有石门涧云，秋有虎溪月，冬有炉峰雪。……从幼迨老，若白屋，若朱门，凡我所止，虽一日二日，辄覆篑土为台，聚拳石为山，环斗水为池，其喜山水，病癖如此。

　　白居易在很多诗中都提过他自己和其他人的园林。他无疑是唐代后期诗人中最投入、最活跃的园林爱好者之一，之后也出现了其他爱好者。他所描绘的山坡上的园林似乎比以往的道家隐士居所更为精致。但旁边有大型园林，这些园林的装饰通常更为奢华，设计者通常是深受皇帝喜爱、拥有世间珍奇异宝的人。唐代末期，这一阶层的典型代表是李德裕（公元 787—850 年），他在平泉的游乐园林极其巧妙。其中有茂密的树林、假山、水渠、池塘、蜿蜒的水道和华丽的亭子，使人不禁想起神仙居所。李德裕在他得意时期居住于此，此时的他在朝中十分风光，还没有被贬到偏僻的乡村。在心灵和精神方面，他尊崇道家思想，试图用各种方式与看不见的世界取得联系。为了达到这一目的，他大量饮酒，以至于经常出神，任凭想象驰骋。传说他时常倚靠在园林中的一块大石头上。这块石头此后也广为人知，人们认为它有神奇的功效，可以让醉酒的人变得清醒。

---

① 前面提过的扬补之有一幅水墨画，画的就是这种类型的房屋。

唐朝末期，道家思想和长生不老之术在朝中十分流行，导致少数皇帝英年早逝。而在园林艺术方面，则促使人们尽力塑造宫殿的外围，使其与神仙极乐之地的描述相匹配。从前述可以看到，这是中国古代传统园林艺术发展的一条主线，另一条主线是与读书阁和隐士居所毗邻的小型自然园林的发展史。

唐朝之后为五代十国时期（公元907—960年），中央朝廷不再需要宏大的宫殿和狩猎的围场，然而其对于园林艺术的兴趣仍在稳步增长，而且这一时期比此前更加关注花草的种植。前文提到了一些著名的花草画家，他们在蜀国都城成都以及南京都很活跃。我们有理由相信，这些花草在园林中比在绘画中更有价值。

当宋朝皇帝统一全国，并在汴梁（河南开封）建都时，这座都城面积广大，拥有皇家宫殿和园林。但依据现存的记录和传说可以推断，这些园林受到了道家自然浪漫主义思想的启发。因此，它们有自己独特的象征意义，是这一时期中国最完美的艺术创作之一。宋徽宗不仅是一位杰出的画家和花鸟爱好者，而且是中国主要的石头爱好者之一。宋徽宗不仅收集画作和古老的青铜器，还热衷于收集园林中的石头，有的是从湖底取来，有的得自古老的私家园林。据说当时，运送石头太过频繁，以至于都城周围的运河都被堵塞了。正是这些精巧的石头使得艮岳这座皇家园林变得无与伦比。这座园林坐落于都城西北角，是根据道家风水选址，大概传达了神仙福祉之地的思想。

鸡冠。依据徐崇嗣（11世纪）的画而作的木版画

一位名叫朱勔的官员被派往南方各省去搜寻奇花异石，据说他在执行这项任务时，下定了决心并且取得了成功。无论这些奇花异石的主人是谁，都强行拿走，当地百姓被迫为他效力。朱勔在浙江的园林被称为绿水园，不逊于任何一座皇家园林。然而宋徽宗退位之后，朱勔由于腐败和巧取豪夺而被查处，最后丧命于这种专横行为，财产也被全数没收，但是他的子孙后代继续建造园林，依然在这一领域享有盛誉。

关于这座园林的详细记录没有保存下来，但根据传说，其中最主要的一座山是万寿山。这个名字后来为北京颐和园所用。这些山以及山石构造的外形或许参照了同时代的绘画作品。其中最为著名的是《宣和石谱》，其中记录着有的石头上还刻着诗歌碑文。这是一本很有价值的著作，收录了很多皇帝收藏的画作和雕塑，后世文人可以自由地从中借鉴。比如，前面提到过的林有麟的《素园石谱》（刊发于 1614 年）中，画出了宋代园林中的许多珍奇石头，这些在《宣和石谱》中已有复本。其价值同手工制作的艺术品一样非常高。

这些石头其中之一或与之类似的一块出现在斯德哥尔摩国家博物馆的一幅巨幅画作中。（参见 185 页，图 94）根据碑文内容，这是"一块祈求繁荣的石柱"，它布满小孔，旁边有两株灵芝和两棵高大的植物。画上有宋徽宗的印章、题记等。现在，它已经破败不堪，急需修复，因此难以判断准确的年代。大概与徽宗艮岳中的一块著名的石头有关，画作是在之后才完成的。

许多证据证明，宋人对园林有很大兴趣，这对于每一种艺术活动都十分有利。不仅有皇家园林，还有一些私家园林，数量不断增加，正如李格非的著作《洛阳名园记》中所阐述的一样。据说这部著作中提到了 25 座著名园林，但是究竟描述到了什么程度仍是个问题，因为图书馆馆藏中没有这本著作。

但是，《司马温公独乐园图》已经流传至后世，这要归功于他在诗文中的描述。独乐园建于 1071 年，当时迫于王安石变法的压力，司马光被迫辞去官职。他在这座园林里度过了余生，这座园林也成了他心灵的归属地。就是在独乐园中，司马光完成了他的伟大著作《资治通鉴》，在中国文学编年史上留下了他的名字。从他对园林和园林生活的描述来看，使他最为满意的不是他的文学著述，而是他与自然的亲密关系。这是他平和的思想，以及远离所有徒劳努力的源泉，这也是所有中国文人的理想。文中提供了有关园林、建筑、花卉种植、水塘、平台等构成要素的信息，所以司马光的描述是十分有价值的。这毕竟是一部个人的记录，其中包含了他对这座园林的赞赏，他把独乐园看作思想和精神的家园。

独乐园记

孟子曰："独乐乐不如与人乐乐，与少乐乐不如与众乐乐。"此王公大人之乐，非贫贱者所及也。孔子曰："饭蔬食饮水，曲肱而枕之，乐亦在其中矣。"颜子"一箪食，一瓢饮，不改其乐"。此圣贤之乐，非愚者所及也。若夫"鹪鹩巢林，不过一枝；偃鼠饮河，不过满腹"，各尽其分而安之[①]，此乃迂叟之所乐也。

熙宁四年，迂叟始家洛，六年，买田二十亩于尊贤坊北关，辟以为园。其中为堂，聚书至五千卷，命之曰"读书堂"。堂南有屋一区，引水北流，贯宇下。中央为沼，方深各三尺，疏水为五派，注沼中，状若虎爪。自沼北伏流出北阶，悬注庭中，状若象鼻。自是分而为二渠，绕庭四隅，会于西北而出，命之曰"弄水轩"。

堂北为沼，中央有岛，岛上植竹，圆周三丈，状若玉玦[②]，揽结其杪，如渔人之庐，命之曰"钓鱼庵"。

沼北横屋六楹，厚其墉茨，以御烈日。开户东出，南北列轩牖，以延凉飔，前后多植美竹，为清暑之所，命之曰"种竹斋"。

沼东治地为百有二十畦，杂莳草药，辨其名物而揭之。畦北植竹，方径文状若棋局，屈其杪，交相掩以为屋，植竹于其前，夹道如步廊，皆以蔓药覆之，四周植木药为藩援，命之曰"采药圃"。

圃南为六栏，芍药、牡丹、杂花，各居其二，每种止植两本，识其名状而已，不求多也。栏北为亭，命之曰"浇花亭"。

洛城距山不远，而林薄茂密，常若不得见，乃于园中筑台，作屋其上，以望万安、辗辕，至于太室，命之曰"见山台"。

迂叟平日多处堂中读书，上师圣人，下友群贤，窥仁义之原，探礼乐之绪。自未始有形之前，暨四达无穷之外，事物之理，举集目前。所病者，学之未至，夫又何求于人，何待于外哉！

志倦体疲，则投竿取鱼，执衽采药，决渠灌花，操斧剖竹，濯热盥手，临高纵目，逍遥相羊，唯意所适，明月时至，清风自来，行无所牵，止无所柅，耳目肺肠，悉为己有，踽踽焉，洋洋焉，不知天壤之间复有何乐可以代此也，因合而命之曰"独乐园"。

或咎迂叟曰："吾闻君子所乐必与人共之，今吾子独取足于己，不以及人，其可乎？"迂叟谢曰："叟愚，何得比君子？自乐恐不足，安能及人？况叟之所乐者，薄陋鄙野，皆世之所弃也，虽推以与人，人且不取，岂得强之乎？必也有人肯同此乐，则再拜而献之矣，安敢专之哉！"

---

①这些比喻出自《庄子》。
②有缺口的环形玉。

司马光的园林由于其诗文中的描述而闻名于世,自然成为画作的主题。上海有一幅私人收藏的卷轴的画作,这幅画明显展示出了文中内容,从中可以看到几栋建筑和花卉,但这幅画的作者直到明初才崭露头角。

　　宋代另外一座著名园林的主人是王晋卿,一位富有的艺术收藏家和爱好者。11世纪末期,李公麟①画了一幅《西园雅集图》,画中就是这座著名园林。米芾为这幅画写了较长的题词,介绍了云集于此的众人,以及流水、岩石、云彩、药草、树木、花卉、竹林,所画之人之物都是那么精妙生动。

　　原图已经佚失,但从摹本中可以看到园林构成的一些主要特点,其中赵孟頫画的(北京故宫博物院藏)最佳。(参见185页,图95)从米芾的描述中可以得知这座园林的一些特征。我们更想了解的是,这座园林是如何设计成与高山低谷达到浑然天成的效果的。前景中可以看到四周的围墙和装饰性大门。门口内侧有一块巨大的园林石,掩藏在灌木丛中,在门前形成了一道屏障。或许园子里还有其他满是孔洞的石头,上面长满了牡丹。其中最大的是一块竖立的石头,上有苏东坡的题词。石头前面是一株芭蕉,后面被水环绕的小山丘上有一片竹林。里面坐着两个人,一个是道士,一个是和尚,他们正在深入交谈。周围还有松树,其中一些爬满了藤蔓,但图上没有灌木,所以人物更为明显。水渠和石桥也被简化了,而且颜色更加柔和,这样就不会分散对人物的注意力;一些人站在树下,其他人则坐在两张长桌旁,他们正在潜心写诗、作画。由此可见,即便这个摹本已经减省了背景,但它确实表明了这种园林构造的抽象方式:人物与巨石、树木、山脚下开阔的地势形成鲜明对比。在这一时期,园林文化受到了极大重视。一位伟大的人物画家选择用这种背景去展现出许多著名人物,足以证实这种园林文化的价值。

　　宋朝定都杭州(1127)后,杭州出现了与开封相似的艺术和文化形式。这些形式也可以称为园林,有皇家园林,也有私家园林。杭州比北方的开封城更适合建造园林,所以园林发展更快,有了多种多样的形式,艺术上也更加美观。杭州有很多运河和桥梁,因此被称为"东方威尼斯",是一个真正的花园城市。马可·波罗曾在13世纪末期到访这里,

　　他对城中宏伟的建筑进行了夸张的描写,园林侧面与主街道相连,或位于湖岸上,许多大树从水边崛起。马可·波罗详细描述了徽宗的宫殿和皇帝贪图享乐的生活,这种奢侈的生活直到蒙古人将宋朝皇帝驱逐出去才结束,这件事发生在马可·波罗到达行在(即今浙江杭州)之前。下面这段话摘自他的描述,是建立在一位曾供职于朝廷的商人的叙述的基础上,十分有价值:

---

①李公麟,北宋著名画家,号龙眠居士。——译者注。

围场的其他地方散布着果园、湖泊和迷人的园林，园林中种着各种各样的果树，还有各种各样的动物，例如赤鹿、小鹿和野兔。皇帝曾经在这里与伴驾的宫女们一起游乐；有的人乘着马车，有的人骑着马，其他人严禁进入。有时皇帝会任由这些少女们追赶猎物，累了就在园中散步，脱去衣服，赤身裸体进入水中嬉戏，而皇帝以观看为乐。然后他们一起回宫。有时皇帝会在枝繁叶茂的果园中用膳，等候这些年轻的女子。[①]

南宋的最后十年间，杭州皇家园林中的一些场景不仅刺激了美学的感受，也刺激了腐朽君主的肉欲享受。无疑，遴选出的年轻女子必须德才兼备，这一点可以从皇家女子生活图中看出。有些画作展示了马可·波罗所描述的那些玩耍沐浴的女子。前面提过的仇英有一幅长卷画，描绘了一些年轻女子在一座典型的风景园林中运动、嬉戏、沐浴的情景。我们很容易被这些迷人的画所吸引，尽管其艺术水平不算很高，但它却使我们了解了杭州皇家园林中的场景。（参见 186 页，图 98—图 100）

仇英另外一幅类似的画作中，呈现出了皇家园林中那些优雅的女子进行休闲活动的场景。这幅画叫作《汉宫春晓图》，这个题目一定会被当作努力重现历史的证据。（参见 187 页，图 103—图 106）无论人物还是场景，与汉代风格都没有紧密联系；相反，画中展现了明代精致的建筑装饰，体现出仇英优雅的风格。这位艺术家感兴趣的并不是历史的变迁，而是展现出华服女性的优雅、大小不一的皇家居所，亭台楼阁与院落相连，中间种植着各种开花的树木，园林中装饰着奇形怪状的石块。

这幅画没有卷起来，所以观看者被带入了一座宫殿中，其中有接连出现的院落，四周有建筑包围；这些建筑作为图画的背景，只在某些地方出现。而实际的背景则是以简单形式或象征性地展现出来。

画面开始是一条宽阔的路，通向园中一块巨石，侧面有高大的松树。两名衣着华丽的年轻人大步走过，笑容满面。有位皇室女子是这座宫殿的主人，正坐在梳妆台前与一位女友娱乐；此时侍从进来了，手中托盘里盛着点心。绘画上部出现了公主，她身材修长、举止优雅，站在雕花大理石坡上，大理石斜坡通向画面下部的中央大厅。大厅面向院子，两个健壮的 男人肩上挑着大酒罐子，明显是在一位更重要的人物监督之下完成任务。他们站在一块巨石的阴凉下说着话。仕女们正在潜心研究一幅画，两个男人将这幅画打开后，继续在园子里闲逛，拿着琵琶和口琴的两名乐人走在前面。他们沿大理石围墙走着，围墙内是一块地势较低的不规则区域，大概主要用于种花，否则里面肯定会充满水。

栏杆围住的空间的另一边还有一群人；这里有很多仕女，周围有一只驯鹿（长寿的象征），一块大石头旁，孔雀正趾高气昂地走着。下一幕是在一座大亭子中，这座亭子通过一

---

①引自亨利·尤尔翻译的《马可·波罗游记》。

条曲折的长廊与其他建筑（图中不可见）连在了一起。美丽的公主刚刚在丫鬟的帮助下梳洗打扮完。之所以看上去那么光彩照人，大概是因为此时，一位贵族青年站在远处的长廊中，似乎正在寻觅合适的机会。

至今所描述的部分与其后半部分是分开的，中间隔着一个很大的院子，院子里有一个人正在给木兰浇水。院子中央是一块巨大的空心石头，造型精妙，旁边是一棵大柳树和开花的梨树。简而言之，只有小心细致的画笔才能造就这样华丽的园林图。

图中接下来的部分是仕女们的宫殿和园林，其中的闺房男子不可进入，除非偷偷进去。这一点大概可以从三名男子藏匿在屏风和格子架之后看出，他们站在那儿聆听仕女们的演奏；仕女们正在给公主奏乐，公主坐在亭中的凳子上，背后是一块装饰着园林图案的屏风。在另外一个蓝色屋顶的小亭中，她和两位女性友人正在品茶，享受着晚间的凉爽。这时两个侍从正在卷起竹制百叶窗。空地上有两棵柳树，三个仕女正在树下用扇子捕捉蝴蝶；她们安静下来后，坐在装饰华丽的蓝顶亭子中做起了丝绣。邻近的园林场景是最欢乐的部分之一，其特点源自一块精妙的六角形石头，有一个人的三四倍或五倍高。石头后面有开花的果树、细长的竹子，还有新叶繁花的高大树木。前景中有一条石凳，石凳上放着雕刻精美的大理石碗，旁边还有开花植物和小树。蓝色石头旁边的竹林后面是一只白色苍鹭，仕女们在石头脚下闲逛，悠然自得地拿着扫帚扫地。诚然，这位画家把不同的部分分开了，没有展现出连贯的园林全貌；但他所呈现的部分很有特点，可以很容易地用想象填满空白。

这幅长卷最后展现的是音乐场景：公主坐在装饰华丽的篷顶下弹琴，篷顶是以红柱支撑。听众共有三位仕女，坐在带靠背的椅子上。画面传达出仪式般的庄重气氛，还有音乐中的一种亲密情绪。我们几乎可以听到琴弦在空气中颤动的声音，听到园林平台下水面振动的声音。

明清时期的书籍有大量木版画，与绘画相比一点也不逊色。严格说来，即使不从园林的角度看，其中有些仍旧包含了很有特色的构成元素。例如，《八种画谱》（又名《唐诗画谱》）中的木版画多是临摹唐寅的画作，其中不仅有花卉，还有园林或其中的元素。根据题词，其中一些是临摹了以前的大师的作品。例如，有一幅画所绘的是河岸竹林中的读书亭，这幅画就是受到了马和之（1130—1180）的启发，其他则是临摹了唐寅当时关于园林的画作。从其中一幅画中可以看到，这位诗人坐在山间的亭子中，在满月下沉思，河岸上的竹林微微摇摆。明显这是专门创作的夜晚氛围，繁星满天而明月当空；现代的月色风景画中几乎没有明暗对照。在另一幅画中可以看到，这位诗人正在一张大芭蕉叶上写字，芭蕉叶像卷轴一样向后折。

除了人物的场景之外,《西亭诗集》中还有大量对园林的描述。这本书在 16、17 世纪印刷了多次,其中一些还有徐渭、王凤洲和陈洪绶等人的作品。这些画作价值不一,其中一些包含着典型的园林元素,如外形复杂的空心石头、精致的亭子、桥梁和平台,此外还有各种树木、竹子、棕榈和芭蕉。人物在如画般的园林场景中,使画面栩栩如生。一切都充满轻盈、多变的色彩,反映出了园林的气氛。(参见 188 页,图 107)

但是,对于中国园林艺术历史有更重要的贡献的,是之前提到的《鸿雪因缘图记》中的许多画作。这本书作于 1839—1849 年间,作者是曾经的江南河道总督完颜麟庆,他也是一位十分活跃的园林爱好者。他利用监察运河过程中的一切机会,到访了许多著名园林,并在他住所附近的园林中投入了很多时间和精力。(参见 154 页,图 41)其中一些绘画之前已经提到过,但尤其值得一提的是关于他的清江浦(现位于江苏)①园林的两幅画作。

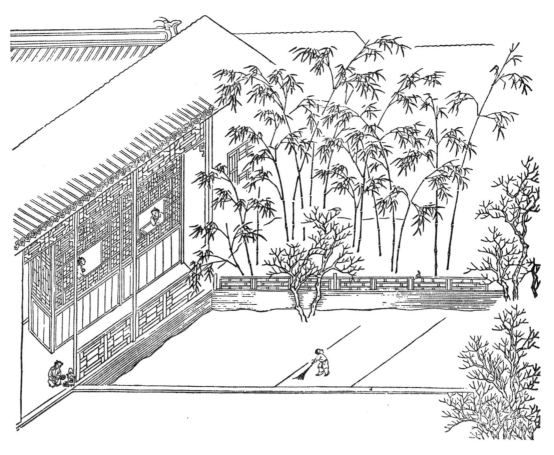

完颜麟庆晚年在清江浦住所的小竹舫

①今江苏淮安市清江浦区。——译者注

这座园林明朝时已经完全建好，但大概是在前朝的基础上改建的，毕竟这座园林的名字也发生过几次更改。它曾被称为荷芳书院、淮园、澹园，最后称为清晏园。乾隆皇帝南巡时多次住在此地。与许多南方的园林一样，这座园林中很大一部分是一片荷塘，塘边有 30 多棵树环绕。塘中立着一座开放的亭子，主要是为了赏月。亭子通过一座曲折的小桥——倚虹得月——与岸边相连。塘中长满荷花，荷花在温暖季节开放，空气充满浓郁的香气。"每暑月，辄携诗书案牍坐其中以息燥。"完颜麟庆如此写道。他甚至将自己也画在了这个他最喜爱的地方，但书中并未提及。画中他一边摇扇，一边欣赏荷塘。（参见 188 页，图 109）

园中另一处他常去的地方是赏春亭，顾名思义，这座亭子主要是为了欣赏春天的美景。它建造时采用的是中心式结构，长廊向外突出，这样就可以从开放空间观看湖岸了。画中完颜麟庆与妻子儿女一起参加家庭宴会，因为双喜临门：第一喜是他刚刚得到了皇帝的诏令，他因提出防涝举措而得到大力赞扬；第二喜是他的妻子和女儿偶然到访京城时，得到了皇后的喜爱，此时她们刚从京城返回。这是 1837 年春，自然万物似乎都折射出他的幸福和快乐："风和日丽，柳媚花明，则见双鹤翩翩对舞而翎梳玉润，家禽璀璨顾影而彩耀珠圆。喜溢尊罍欢胜，子女凡兹家庆。"（参见 188 页，图 108）

这座华美园林中的这次家宴有着更重要的意义，标志着完颜麟庆的事业达到了顶峰。两年后他又接到了一封圣旨，将他从现在的职务遣返，原因就是洪涝。此后，他被迫离开了官邸，离开了极其看重的园林，搬去当地另一处规模较小的居所。对这里他也进行了描绘，而且其魅力不输原来的园林。这里称为竹舫，大概是因为房前院子里有很多高高的竹子。整体上来说，这座园林非常简单，但也十分整洁优雅，一位侍从正在院子里清扫院落，整体布局很有特点。透过小窗，可以看到这位年迈的官员和他的妻子，二人好似与周围充满阳光和花卉的环境隔绝开来。这幅画与早期的对比简单且巧妙地展现了他仕途的变迁。但完颜麟庆似乎不久之后就提高了经济地位，因为 1841 年，他得到了皇城东北角弓弦胡同里的一座著名园林——半亩园。此前我们已简单提过。它被认为是京城最美的园林之一，特别是自诗人李笠翁明末时将其改名之后。他以一位大师的身份来欣赏石头的搭建艺术。他诗中提到的两座园林最终都被看作上乘之作。完颜麟庆讲述了他如何在年轻时到访了这些园林，而且，年迈时终于得到了半亩园，对此他颇感满足。

那时这座园林被破坏了，因为它曾被用作一个商人的仓库，经历了一段困难的日子，但修复工作很快就开始了，主要依据"南方风格"进行规划。其中有很多建筑和几处风景绝佳之处。中央大厅（参见 137 页，图 9）被称为云荫堂。旁边一座开放的建筑称为拜石，这是我们已经熟悉的；此外还有一座曝画阁（顾名思义，这个地方是用来晾晒画作的）。其他值得一提的有近光斋、退思斋，大概主要是为了冥思；此外还有两座亭子，赏春和凝香，主要用于欣赏春天风光，品味花卉的芳香。园林中其他地点的名字表明，它们或适于读书，或适于作诗，或适于其他类似的事情。一些房间挂着竹子做成的板，上面写着经典作品中的诗文词句。

半亩园和清晏园现在已不复存在，完颜麟庆提到的其他园林也大都如此。但幸好他的书中有一些木版画，可以让后人很好地了解它们的基本特征，尤其是我们熟悉了古都中存留的一些类似建筑之后，下文还将提到。

园林主题的绘画越到现代越为常见，这表明，对于园林主题的兴趣在清代绝不可能消失。

康熙和乾隆时期，又建造和描绘了很多园林。另外值得一提的是焦秉贞和冷枚，这两位艺术家在与法国、意大利传教士合作时，得到了新视角和现实主义的细节等方面的知识。这无疑使得他们的绘画作品更加精细可靠，展现出园林中许多不同的构成元素，尽管他们的绘画从艺术角度来看没有那么吸引人。明代园林画的特点是轻松的氛围和优雅的美景，这些特点慢慢褪去，取而代之的是更多的客观性。这种绘画呈现于丝绸、画纸，或瓷器、墙壁上。恰恰是这些画作在18世纪到达欧洲，引发了欧洲人对中国园林的强烈兴趣，把中国园林当作西方园林的楷模。

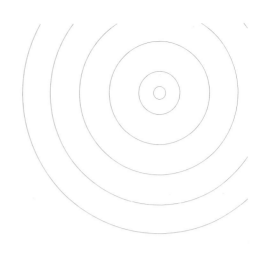

第六章

更为古老的日本园林

若想总览中国特别是古代园林艺术的发展历史，就应考虑一下日本的一些园林。园艺领域与其他许多领域的艺术活动相同，日本从中国获得了很多灵感，这一点就连研究园艺的日本学生也是认可的。前面说过，日本建筑很大程度上是以中国建筑为模型的，这当然是不可避免、自然而然的。绝大多数园林与王室宫殿、寺庙相连。日本古老的建筑保存得更为完好，所以可以在日本发现一些用以研究唐朝建筑体系的绝佳范例。谈到园林艺术，就没有那么幸运了，因为唐代中式园林一座都没有保留下来。幸好几个世纪后，有一些仿照古代而建造的园林，或许可以去那些园中探寻踪迹。严格来说，这些日本园林并不是中国园林，但可以从中探寻到中国的踪迹。中国对日本园林的影响已经被同化，既满足了日本人对于园林风格的需要，也和国家的需要保持了一致。这种同化过程在藤原时代或者平安时代（公元782—1185年）①最终完成。平安时代是以当时统治日本的幕府家族而命名，抑或是因新迁都城平安京（即现今京都）而得名。

　　园林不仅和天皇的住处相连，还与贵族们的住处相连。这些园林通常布局在主建筑的南面。园林里有山有水有树林，风景如画。中心处通常是一个小湖或小水塘，湖中岩石凹陷处会有几座树木茂密的岛。只要是空间允许，这些园林就会形成真正的自然园林，尽管失去了仙境的特色，却成了天气回暖时节居于此处之人的游玩胜地。这些园林似乎在尽可能地效仿自然，又试图创造出惊人的景观：所见之处尽是树木和生苔的岩石。真是妙哉！

　　这些早期的自然园林或者景观园林已经没有完整保存的样本了，尽管仍然能看到一些残存的遗迹和之后同类型的版本。现今最有趣的遗迹可能就是近京都的平等院了。（参见188页，图110）平等院中有一座十分醒目的建筑，称为凤凰堂。平等院和凤凰堂之间相互依存。虽然凤凰堂保存完好，但只有一些遗迹残骸保留了下来。如若不关注平等院的话，也就几乎不可能领会凤凰堂的神韵了。

　　平等院，1052年建于宇治市，是为藤原赖通而建的一座避暑别墅。它连同周围的园林，既为贵族们提供了安全住处，也成为王室的社交生活场所。这些王室成员不仅赛诗，而且还比赛制香和香水。他们在特别建造的亭台楼阁中仰望明月，也在春夜坐于其中，以便能够在日出之时看到第一朵樱花的绽放。这些建筑使人不免想起仙境——那个充满美梦的地方——在那里，审美的愉悦取代了日常生活中的单调乏味。

　　如果脑海中牢记这种文化背景，那这座非比寻常的建筑，作为梦想和愿望的艺术表达，马上变得更加重要了。它似乎摆脱了一切束缚，所有的沉重感都消失了，似乎整座建筑都像安上了翅膀一样凌驾于空中。中间的密闭部分在绵延的屋顶下几乎消失了，而翅膀

①平安时代，公元794—1192年。原文日期有误。——译者注。

处的立柱完全没有给人留下休憩之处的印象。这座建筑的构形可能来源于一只长尾展翅的大鸟形象，这种相似使人产生了联想。在合适的光线下欣赏这座建筑，余晖倒映在水塘中，影子在一排排立柱间摇曳。这时，现实和想象交汇到一起，仿佛看到这只巨鸟在渐渐变暗的水塘中徘徊，它看到自己的形象大概也沉醉了。

园林背景中仅存留了水和水边的树木。水环绕着整栋建筑，在一侧汇集起来形成一条运河，这条运河沿着一座石桥流淌，在建筑的正面形成一个小湖。这里大概就是几个小岛从镜子般的湖面崛起之处。如果想看到建筑的全貌，那就只能从湖面来看。因此，反光的湖面对于提供建筑的全景极为重要。湖面就像复制了整栋建筑的景象，然后把它变成了空中的幻景。其他元素无疑也强化了这种迷人的气氛，这也是在当今建筑形式中时常提到的。

大概没有人会否认，这样的建筑带有日本印记，但也必须承认，它使人想起那些亭台楼阁——唐朝帝王精美的夏宫和仙境中非常具有代表性的建筑。这种联系是显而易见的，类似的建筑构造观念早在两三个世纪之前就已经在中国成形了。假如这种供娱乐的园林能够保持原样，那么其中不仅会有奇树异石，还会有规模更小的建筑、石桥、蜿蜒的小路、珍奇的鸟和鹿，或是其他动物。这些都装点了中国奢华的园林，使之充满生机。

中式的自然园林与中国传统相得益彰，由于保存得更为完好，因此引起了人们更多兴趣。其中的一个范例就是离平等院不远处的西芳寺。这座园林是 14 世纪由高僧梦窗疏石规划的。梦窗疏石是一位著名的园艺家，他将园林设计成一座和平的寺院宅邸，而不是一个可供游玩的地方。但是，由于阴郁的森林与倒映的水面完美融合在一起，使这座园林变得非常迷人。其中有某种柔软而又难以穿透的东西，尤其是在园林的底部，即所谓的苔藓园林。不仅是光滑的地面上，就连石头、树桩和树干上都覆盖着一层厚厚的苔藓。这些苔藓种类不一，颜色也从祖母绿到铜锈色不等。其他所有植被都难以与茂密的苔藓相媲美，树木自由地生长（与日本常见的情况截然不同）。同真正的树林一样，这里也有丛林和沼泽，林间的小路没有铺鹅卵石沙砾，蜿蜒穿过苔藓地带，吞没了脚步声。苔藓中有一个小湖，轮廓凹凸不平，湖中有几座小岛。这个小湖很像汉字"心"，尽管现在已经很难辨识了。但是，无论这种解释是否讲得通，都不能否认，在西芳寺中漫步会将我们一点点带入大自然中；我们聆听自然的脉搏跳动，慢慢感受到与众生源泉的某种联系，这也是禅宗信徒们希望他们的追随者能够感悟的。（参见 189 页，图 111）

杭州禅宗寺院中的园林是无法超越的，13 世纪之后，很多知名画家在此隐居。日本人恰恰就是从这片土地上获取了最为重要的灵感，这不仅对于他们的绘画，而且对于足利幕府时期（1336—1573）的所有美学发展都有至关重要的作用。这一时期，日本和中国重新建立起了一种更为亲密、直接的关系，这恰恰源于禅宗所产生的灵感，因为禅宗对园林艺术有着重要影响。

西芳寺并不是仅存的证据，天龙寺是同时期的另一个范例，尽管它保存得没那么完好。也许还会提到几座更小的禅宗寺庙及其园林，都来自15、16世纪。（参见189页，图112）之后将对其进行一一描述，但我首先要提到的是足利幕府中的两位成员所建造的一些著名建筑。这些建筑主要是园林中用于读书和冥想的亭台，而这里的园林也是一种寺庙，供人远离朝堂而获得精神上的放松，也可在艺术家和禅宗和尚周围潜心进行美学和哲学的冥想。在此前提及的中国绘画作品中，可以看到这种隐居生活，尽管日本的亭台与中国诗人的隐居处相比更加醒目，周围园林的规模也更大。

年代更为久远、规模更大的是金阁寺，约建于1395年[①]。当时是为足利义满而建，他死后改建成了一座寺院，叫作鹿苑寺。寺院中的金阁有三层，突出的屋檐下是开放的长廊。寺院位于林地水塘的岸边，水塘表面倒映出寺院细长的影子。屋檐曾是镀金的，这大概可以解释这座寺院名字的由来了。最初这座亭子立于小岛上，但另一侧的水已经干涸，所以光着脚即可到达。然而亭前的水还保持着原貌，朦胧的水面被大石块构成的小岛打破，这其中最大的两块巨石足以支撑起一两株松树。有一些石头取名为"出龟"和"入龟"，指的是中国神话故事中所说的东海巨龟，这巨龟后来形成了神仙岛。（参见190页，图113）

林地水塘的岸边萦回环绕，边上尽是大块的空心石头，这也更加深了阴影。树木的生长也更加随性，其中一些甚至倾斜到了水面上，而其他树木多须的树干和矮小的树枝已经显现出了衰败和年老的迹象。园林在另外一侧得到了延伸。现在这也是某种荒野的环境，而恰恰是这个原因使园林变得如此神奇。地面和倾斜的石头上都覆盖着苔藓，这与西芳寺相同；但此处还有大名馈赠的奇石，以及一条清泉，这条清泉是吉光茶道取水之处。更远处是一个小瀑布，叫作龙门瀑布，如此命名的原因是，鲤鱼为了使瀑布洁净而向上游从而变成了龙。这种比喻在禅宗中也十分常见。

此外，之后又增加了一些特征，例如竹篱笆和茶道亭。追溯到最初的规划图也绝非易事。这原始规划图，传说是由梦窗疏石起草，尽管这座园林直到他死后才完成。这其中大概也有一些充满魅力的东西；可以感知到这块土地已经存在了几百年，仍然传达出生命的节奏。这座园林的美并不是完成之初就具备的，也并非在于狭窄而清晰的界限；它的美随着时间的流逝而变化发展，最终一定会被能够理解它的人重新发现。

与更为古老的日本风景园林一样，金阁寺及其园林也是受到中国园林模式的影响而建造的。金阁寺或许是日本保留最为完好的园林，这进一步证明了其历史价值。金阁寺

[①]金阁寺，位于京都，1397年建成。——译者注。

在一些重要方面与其他寺院园林大不相同。寺院园林出现于半个世纪之后，正值足利义政幕府时代（1403—1474）①，此时典型的日本园林文化的形式体系已经占据了主要地位。这里有必要提及之后将出现的两座园林，其中包含了从中国借鉴的一些元素，尽管已经被日本同化。它们标志着日本园林艺术达到了顶峰，特别是从历史的角度来看。

其中最著名的是银阁寺，是义政幕府的私人住所，也是他用来冥想、进行茶道和艺术活动的场所。（参见190页，图114）银阁和东求堂这两栋相对较小的建筑构成了主要支点，其中有义政幕府的私人书房和茶道室。从东求堂可以看到园林的全貌，园林柔和的美让思绪都停歇了下来。土地完全被多汁的绿色苔藓所覆盖，四周树木遮住地面，但光线可以从树林中轻易穿过。从对面看过来，在东山地区丛林茂密的山坡背景中，银阁寺尤为突出。（参见191页，图115）湖水轻摇，银阁寺的光影在海岬和小岛之间荡漾。灰白色的石头面向大海，白色的海沙蔓延至庭院和赏月台上。光线适宜时，银阁寺似乎笼罩着一种醉人的美，或产生绘画作品中明暗渐变的效果。（参见192页，图116）

银阁寺高贵而不失简洁，是精美的日本建筑中具有代表性的范例。在最初的规划中，银阁寺是两层建筑，每一层都有突出的屋檐以遮阴。底层有推拉门，与环绕整栋建筑的长廊相隔。屋脊上有一只巨大的铜凤凰，居于寺中最高点。依据最初规划，屋顶应当覆盖着银盘，但最后并未实现。现在的银阁寺是原木色，与周围环境完美融合。不知建造园林是为了烘托建筑，还是建筑只是园林的补充？站在亭子的露台上，可以享受不断变化的光景。可以看见蜿蜒的小溪如何慢慢扩大而形成了湖，或是看见它如何进入水湾，又如何被小岛所打断。水面被一块巨石冲破，巨石后面是一座树木葱茏的小岛，这座岛将视野分隔成两个不同的方向：一方朝着东山山坡，另一方则渐渐消失在了茂密的林木阴影之中。从反方向，可以看到前面提到的庭院、楼台，和在深色背景中变成直线一样的白沙。这些变换的情景巧妙地运用了色调的对比，这如画一般的景致主要取决于光和影的使用，或者说，取决于一日之内变化的时间或变化的季节。整座园林与周围不断变化的自然环境十分和谐。有人认为，银阁寺最美的季节是冬季，雪落在屋顶上、树上，闪闪发亮；也有人赞美秋天满月时，月上树梢，把银色的光辉洒播到水面上、庭院中。我仅有一次机会目睹秋日下的园林。在这种强光之下，银阁寺就像一件精心雕刻的艺术品，细微的色调变幻无穷。但我毫不怀疑银阁寺设计之初是用以赏秋天的满月的。当月亮爬上东山山脊，它就像漂浮在一汪银色的海上，熠熠生辉；可以推断的是，白沙庭院和屋顶银盘（尽管没有得到采用）都是为了增强月亮银色的光辉。

之前说过，银阁寺与金阁寺不同，它与中国古典园林的联系并不明显。但是由于其协

---

① 足利义政（1436—1490），足利（室町）幕府第八代大将军，任职时间为1449—1473年。——译者注。

和圆满的景致，银阁寺让人联想到宋代一幅和谐的画作。无论怎样看，银阁寺都是日本绘画大师相阿弥的作品。他与日本的很多艺术作品都相关，其中既有装饰着中国水墨风景画的日本拉阁门，也有一些古典园林的组成部分，还有日本艺术史上最为古老的一些画作。这些画作主要是足利义政以艺术家的身份考察并精心挑选的中国绘画作品，后来得以收藏。

另外还有一座园林被认为是相阿弥的作品——大仙院。大仙院是京都禅宗寺院大德寺中较小的一部分。这座园林自14世纪开始就已存在，15世纪中期因动乱被毁坏，1479年得到重新翻修。相阿弥是当时日本最伟大的园林艺术家，而大仙院是当时被认为最完美的园林，所以它一定是相阿弥的作品。但是关于其起源的史料证据至今未见。（参见193页，图117）

园子一角是寺院的主建筑，称为松阴，这里有宽阔的平台、开放的长廊可以观看园林的全貌。地面是规整的长方形。倘若站在长方形的长边（长度大约13.5米）欣赏，园中的不同部分便一一呈现在眼前，仿佛置身于一幅中国风景画中。这幅画就像是水平摊开的，完成时放入了石头、苔藓和灌木。在最远处，或者说，在画端出现的是细高易弯的灌木丛；灌木丛前面是细长的石块，这说明园林以山峰为背景。山峰之间似乎有一个自然的开口，水从中涌出，在山谷中蜿蜒流动。水流到石块处，似乎漫过石块，就像漫过石板桥一样。但实际上一滴水都没有，这只是一种完美的幻觉。造成这种幻觉的主要原因是，石块上有精致的凹痕，颜色斑驳，表面布满苔藓，远看就像水在闪闪发光。石块侧面与平台状的岩石相连，一些平坦的大石块似乎从河流中探露出来。

由于在侧面相连，且有竖纹的石堆之中有一块水平的光滑石头，可以看到画的中间位置是一道瀑布。在石堆前面，地面陷了下去。很明显这里形成了一个湖，湖水出口在突出的长廊下面。有一块巨石形状很像船头高耸的小船；假如这个虚构的湖中没有这块巨石，那片区域看上去会非常空旷。观看者目不转睛地欣赏着这里的景色，思绪已经跨越了园林的界限，到达另一个世界。和其他绘画大师的作品一样，这幅画不仅吸引了我们的眼球，也吸引了我们的想象力。和每一件伟大的艺术品一样，它也拥有象征意义，可供世人从多方面理解和借鉴。

因此，大仙院园林与公园似的金阁寺和银阁寺截然不同。它没有水，没有绿树覆盖的岛屿，没有岩石、丛林和蜿蜒的小路，亦没有有利的观看位置，所以它并不是风景园林。然而这座园林却被称为"枯山水"，即一种干枯的风景。水的幻觉是石、沙与苔藓对照而产生的。没有人去过这样的园林，同样几乎没有人想到能走在这般如画的地方。最初设计这座园林，是为了站在长廊上沉思或恣意想象。这是一座典型的展示园林，通常出现在日本的禅宗寺院中。这样的园林并不罕见，它是寺院冥思室的一种补充和延伸，或者说是一幅画中的一部分。坐在这样四面是墙的房间内，可以想象园林变化的情绪和那些具有象征意义的意象。（参见 194 页，图 119）

这种园林大概中国也有，它们与理解自然及禅宗冥想紧密相关。自南宋全盛时期起，这些禅宗寺院为画家和自然浪漫主义者提供了庇护。它们的出现源自与印象派风景画相同的精神和态度，尽管这种联系更多是理想主义层面而不是实际层面的。

枯山水更加纯粹的例子是位于京都的龙安寺。这是一个墙壁围绕的长方形，还有一个长亭；院落完全被白沙所覆盖，呈现出一道道深深的沟壑。与其他园林相同，白沙的功能是代替水。形态各异的 15 块石头从中凸起。这些石块按照某种移动方向被分成五组。石头的周围有少量苔藓，是这个白沙覆盖的大院中唯一的植被痕迹。根据传统的解释，石头代表一只母老虎和它的孩子们，而它们正奋力游过一条河流，以避开即将到来的危险。假如确有此事，这大概源于禅宗学家对自然的象征意义的解释。但或许也可以把石头想象成从水面凸起的岛，或是云海中的山峰。总而言之，这座园林给了观看者充足的想象空间，使它更加吸引人。这种人工打造而又没有陷于模式化的特点与中国景观园林随性的特点，形成了鲜明的对比。但在日本，它十分著名，并且引领了一个新的园林设计流派。

无论日本的园林是"干枯"还是有水，都没有理由去进一步探寻园林的发展，因为已经形成了固定的模式或类型；我们的目的是明确中国园林与日本园林的关系，以及后者是依赖于前者而发展的。最后必须转向有山水的园林，日本人称之为"筑山"，与那些平地园林形成对照。基本上只要和奢华的住所或富人的住处相关，这样的园林就更为重要，规模也更大。1584 年，丰臣秀吉获得了整个国家的政治权力[1]，这种园林才能满足丰臣秀吉卖弄皇家权威的需求。他拥有几处特意为他而建的奢华住所，还有一些与之相连的游乐园林，但现在很多已经不复存在。唯一保存相对完好的是三宝院，属于醍醐寺的一部分；这是丰臣秀吉为自己挑选的隐居之地和消遣场所。当他想从政事中逃脱出来，与知识渊博的高僧千利休探讨问题时，他可以在这里得到庇护。一个国家的君主出现在三宝院时，卸掉了皇家的光环，这里是谦逊的大名们也可以找到听众的地方，这一点和桃山宫殿是一样的。这个丑陋干枯的男人，这个农民的儿子，他已经达到了权力的顶峰，但他经常感到一种负担而不是喜悦，因此这里成了他的庇护所。

传说丰臣秀吉早已亲自起草了这座园林的规划图，但是在他临终之年（1598）才开始建造，直到更晚才得以完成。最初是一棵古老的樱桃树引发了这位年老而坚定的武士对这地方的热爱，这棵樱桃树现在仍在醍醐寺中，每年春天都有大批游客聚集到此观看个这棵开满花的老树。这里还有其他开花的植物，在每年的不同时间绽放花朵：最初是山

---

[1] 1582 年，"本能寺之变"结束后，丰臣秀吉真正掌握权力。原文日期疑有误。——编译者。

茶花，然后是樱花，之后是杏花、梨花、紫藤、鸢尾花、百合，再次是盛夏时节的牡丹花和莲花，最后是在漫长而温和的秋季绽放的菊花、胡枝子、红枫和其他多姿多彩的植物，一同构成了这幅图画。每个季节都有各自的代表植物，但与整个园林融为一体的主要色彩是翠绿色；这种颜色在长满苔藓的地面闪烁着微光，也在树木掩映的水面闪闪发光。（参见194页，图119）水占据着园林中相当大的一片区域，形成水湾和狭窄的水道，或拓宽成湖，湖中有充足的空间可以容纳几座小岛。一座拱桥横跨水面，桥下有柱子支撑，桥上同样布满苔藓。然而最重要的构成元素是多种多样的石头，有斜倚的，也有直立的，有光滑裸露的，也有长满苔藓的。丰臣秀吉像宋徽宗一样疯狂热爱园林用石；与皇家爱石者一样，丰臣秀吉也是那么肆无忌惮，一心想拥有最好的园林样本。无论他在哪里遇到了想要的石头，原有者都需将石头作为礼物献给这位未加冕的统治者。作为感谢，赠者的名字在某些情况下会出现在石头前方的木板上。这些石头绝大多数与我们所熟悉的中国园林中的石头没有太多相似之处；但我们对这个构成元素越来越感兴趣，因为这也是受了中国的影响，这一点从日本同时期画作中可以看出。

无论是否把中国模式看作三宝院的原型，我们都无法否认，这座园林非常丰富、色彩绚丽而且极其和谐。它柔和又充满活力，没有笨重感或者庞然感。它正式且高贵，却不呆板或像刻意而为。这简直称得上凡人能够创造出来的近乎完美之物。

这座园林的价值大概要归于小堀远州（1579—1647），他是一位茶艺大师，同时也是一位园林艺术家。通常认为，是他延续并完成了丰臣秀吉的规划。作为一名园林艺术家，他的活动十分广泛。另一个绝佳的例子是与皇家避暑别墅桂离宫相连的园林。据说这座园林的灵感来自中国的一首诗。观看者站在桂离宫前面的平台上，便可欣赏这座园林；也有人认为观看者乘船向前，穿行于月光笼罩的乡村。他的周围是小岛、水湾，茂密的树木，长满苔藓的石灯，桥，绕湖蜿蜒而行的小溪；最远处是竹林掩映的一栋简朴的茶道小屋，踩着一些粗糙的石块就可以到达。园中每件物品的摆放都不是为了吸引人的注意力，然而人们进入园中，仿佛感到了某种节奏、某种情绪。以上就是日本园林：这是一种理想化的、审美内敛的景观，不仅提供了观赏变化莫测的自然的景致，同时也引发了无限遐思。

第七章

部分私人园林

现存的中国园林遍布全国各地，它们都或多或少地保留了中国曾经繁荣的园林文化。这些园林虽不能充分传达出中国园林文化的艺术价值及内涵，但对学生而言，仍然具有不容置疑的价值，因为它们真实地保留了社会的生活环境和氛围，保留了源自丰富想象的仙界气息，保留了园林设计者所试图呈现的理想自然。

因此，有必要简单介绍一些不同地域的特色园林，以补充前文讲过的正式布局和构造的基本规则，希望有助于丰富和完善通过分析园林的重要元素和历史发展所建立的概念。这些例子是我尽力搜集到的材料，管中窥豹而已；我不敢妄称概述了中国古典园林所保留的一切，而只是展现其中某些类型的历史及艺术价值。

自古以来，中国最丰富的园林文化都起源于长江流域，中国南方的安徽省、江苏省和浙江省保留了大多数历史悠久的园林。这里还居住着业余爱好者和艺术家，他们以极大的热情研究园林艺术的实际问题及理论。这里的一些老城自古就带有园林特征，多样的植物与周围环境紧密结合。不仅在著名的艺术和诗歌之乡如苏州、杭州如此——常言道"上有天堂，下有苏杭"，在其他小城市也是如此，比如无锡、嘉定、南翔、嘉兴、常熟、扬州等，均以园林和自然风光著称。杭州是园林文化中心，风景秀美，《马可·波罗游记》曾简要描写过宋朝末年的皇家园林。马可·波罗是根据传闻进行记述的，因为当时的杭州已不复昔日的辉煌，但周围风景和西湖沿岸的大量园林仍然给这位游历广泛的威尼斯人留下了深刻印象。后世彻底摧毁了杭州，尤其是 19 世纪 60 年代的太平天国运动，宋朝的园林和建筑无一幸免。然而西湖畔依旧垂柳依依，灵隐寺旁竹林繁茂，为游客带来阴凉，陡峭的山路两边松树虬曲多姿。杭州位于广阔的自然公园当中，尽管这个公园已经被挤出市区。由于运河被填埋，桥梁被拆除，以及现代建筑的兴起，杭州已经失去了大部分古典特色。古典园林的遗迹还留存于文澜阁、一些大型的园艺石饰庭院。（参见 196 页，图 121）西湖的湖心岛上有个小寺庙和十字亭，构成三潭印月。西湖沿岸的现代小型园林，据我所知，是仿照古典园林建造的。

杭州市区已经失去了昔日的浪漫魅力，但周围依然山峰耸立，草木茂盛，尤其是在形成这些秀丽风景的寺院附近。这里我介绍两座寺庙，一座是最古老的灵隐寺，另一座是最新的黄龙寺。灵隐寺建于一千多年前，大殿前立有石塔，历经多次火灾和重建，最近的一次是在 19 世纪。几次重建都最大限度地保留原有设计，周围的园林景观也得以完整保存。（参见 156 页，图 46）寺中草木茂盛，俯视着芸芸众生的罗汉和菩萨塑像上苔藓丛生，对面生长着灌木和藤蔓，在壁龛周围形成厚厚的帷帐。（参见 197 页，图 122）不远处，在通往寺庙的路旁，有一个亭子坐落于横跨水道的拱桥上。这个亭子可能在现代重建过，但丝毫没有丢失往日的优雅，舒展的亭顶依然盘旋于深壑之上。寺庙另一侧，竹林与松树等高，景色迷人。（参见 198 页，图 123）

黄龙寺建于现代，仿照传统建制。园林风景如画，有水塘和假山作为点缀。平静的水面映出纤细的柱子和亭子。所有这些与高树、灌木、石头、假山一起组成园林主体，融入茂密的树木中。（参见 199 页，图 125）

在苏州，大约 20 年前尚有几座保存相对完好的园林，由于这个平静的城市惨遭战争破坏，这些园林现在是否依然存在不得而知。数百年来，苏州一直是园林爱好者的活动中心。苏州的艺术鼎盛时期是在明朝，许多著名画家和诗人在此居住。其中最有影响力的是文徵明，他后半生都居住在苏州，时常有学生和朋友来他的画室聆听这位德高望重的大师的教诲。这个画室位于现在的拙政园。时至今日，拙政园内依然盛开着甚为壮观的紫藤，相传是文徵明亲手所种。（参见 200 页，图 126）文徵明还以拙政园为题材创作了一系列作品。苏州其他画家无疑也参与了园林艺术，尽管并没有直接的历史证据流传下来。然而，值得补充的是，明朝末期最有创新精神的艺术家石涛不仅是画家，也是园林设计者，但不是在苏州，而是在扬州。

如前所述，苏州的园林艺术在画家聚居于此时发展到全盛，并一直保持到后世。在 19 世纪的大部分时间里，苏州集中了大量学者和画家。而在现代，画家们的作品呈现出混合形式，应用在其他事物中，如专门开设的苏州美术专科学校，校舍为大型仿古建筑，位于沧浪亭中。建筑内部对比鲜明，部分画家使用西方技法创作油画，部分画家则遵循中国传统技法。

有几座苏州古典园林从前是贵族府邸，现在是半开放的，可以付费参观，包括留园、拙政园、西园和沧浪亭。而另一些园林则需要通过私人引荐才能参观，比如狮子林、顾园（怡园）和网师园。每座园林都有自己的历史和独特环境，但是由于它们的基本组成元素非常相似，很难用寥寥数语清楚地描述各自的特征。差异在时光的流逝中逐渐缩小，装饰的细节被苔藓覆盖。

若想进一步熟悉这些园林的特点，下面一位苏州文人所言值得记住：

应当了解历史背景，应当以平和接纳的心情进入园林，应当通过自己的观察去发现园林的构造和布局，因为不同的部分并非随意组合，而是像对联（在音韵和内容上相对应的两句话）一样经过仔细斟酌置于园中。当一个人对表面的形式或事物理解透彻以后，就当努力探索园林的精神内在，尝试理解掌控自然并使园林融入其中的神秘力量。

狮子林可能是现存最古老的园林之一，它最初属于寺庙（后来成为居所），大约 1342 年由高僧惟则创建。相传，惟则之前曾居住于天目山的狮子岩，因此他将新园林命名为狮子林。（参见 152 页，图 36）于是，抱着这样的想法，惟则挑选了许多奇形怪状的石头，其中至少有两块形状像坐着的狮子。在合适的光线下，这些石头确实很像长着鬃毛低头向前的狮子。(参见 153 页,图 37)一些自然形成的狮子石分布于苍松之间的小丘上,与其他形态各异的石头竞相争奇。另一些石头则置于水中,在水面上倒映出各自的形状。它们的形状让人产生联想,使参观者为之着迷,石头规模之大也让人印象深刻。堆着石头的小山被建成"大山"的样子,还有洞穴和隧道。蜿蜒的小路越过或穿过"大山",通向河边精致的拱桥,那里假山堆积,形似珊瑚礁。(参见 201 页,图 127)这座园林在历史上可能经过不止一次的改造或修葺,因为这里的石头相比其他苏州园林,造型更为夸张。这样一来,整个地面就像一座小山,流水、古树环绕,光影交织形成特殊的装饰效果,这一特点在倪瓒的著名画作《狮子林图》中得以重点体现。这幅画因其中有大量文字,几乎已经成为历史文献。从画中内容来看,这座园林最初可能还种了竹子和多种乔木,繁茂的枝叶在低矮的茅屋和静思亭上方舒展。石头、树木和建筑的比例与现在大不相同,如今的建筑已不需要在树下寻求保护,而是盖起了宽大的屋顶,像大伞一样撑在高空中。

留园位于阊门外,建于 16 世纪,后来的主人姓刘,由此而得名"刘园"。19 世纪时,这座园林被一沈姓人家购得,名字依然保留,只是将原来的刘姓改为发音相同的"留",更加符合园林的本意,为人们带来平静和愉悦。新主人做了很多扩建工作,留园已经成为整个苏州最大、主题最丰富的园林。但是,园子的主人似乎太过追求园林构造的有趣多变,石头、树木、藤蔓、亭子以及不同形式和装饰的建筑,不同的主题拥挤在一起,以致细节不能够清楚地展现,组合在一起就显得杂乱。这是给人的主要印象,尤其是夏季到来,树上长满叶子的时候。年初时,虬曲的树枝在天空中显出清晰的轮廓,紫藤还没有那么繁茂,要认出连续的平面和不同的组成元素就会容易些,它们也会映在水面上。

平静的湖面在这里至关重要,它形成整体布局的主题,占据了整个湖面的一半多。这可不是一般的园林水塘,而是一个真正的湖,沙嘴和植被丰富的岛使其变得多样。岸边停着几条船,可随时划到湖心岛。(参见 202 页,图 128)弯曲的岸上高高低低地堆着崎岖不平的石块,在凹凸不平的地方,明显的轮廓映衬在白色的墙面上;在凹陷或平滑的地方,有古树的枝干遮挡,枝叶几乎触及水面。岸边能看到白色建筑的正面,门窗上有砌砖做成的装饰栅栏。这些建筑确实有梁柱结构,但完全被装饰地面和白色墙面所覆盖,形成了连续的背景,仿佛水墨画的留白区域。不论从哪个角度看,都能看到前景是水,背景是白墙。

留园不远处是西园,现在是寺庙园林,但最初(即明朝时)是一家贵族宅邸西边的花园(顾名思义)。后来捐给附近的寺庙,但寺庙和园林都在 19 世纪 60 年代的太平天国运动中遭到毁坏。建筑已经重建,但园林依然不完整,光秃干涸的两岸间有一个大湖,看起来平淡无奇。错失的不仅是丰富的植物,还有以水为原型的中空弯曲的石头。失去了这些基本要素,中国的园林看起来多么空洞乏味!

　　拙政园于 16 世纪初由王家所建，位于苏州东北部的一个古寺旧址。当时或不久后，文徵明在此居住，创作了一系列画作，后来制成木版画，但这与地形无甚关系。清朝初期，拙政园属于陈家，但在 1679 年被当地政府接管。拙政园可能是由此而得名，意思是低效的政府或愚蠢的官员。[①]

　　1747 年，据乾隆皇帝的翰林院编修沈德潜创作并刻在树干上的题词，蒋棨将园林修复一新，由拙政园更名为复园（修复后的园林）。当时在很大程度上保留了大量厅、廊、亭、台、山和湖。作者写道："丁卯春，以乞假南归，复游林园，觉山增而高，水浚而深，峰岫五回，云天倒映。堂宇不改，而轩邃高朗，若有加于前；境地依然，而屈盘合沓，疑新交于目。秾柯蔽日，低枝写境……主人举酒酌客，咏歌谈谐，萧然泊然，禽鱼翔游，物亦同趣。不离轩裳，而共履闲旷之域；不出城市，而共获山林之性。回忆初游，心目倍适，屈指数之，盖园之成已四五年于兹矣。"将此园命名为复园，蒋棨希望以此表明，他不仅想恢复园林昔日的美丽，而且非常重视祖先在此培养的优点和好的文学标准。

　　然而，这座园林似乎遭遇了不幸的命运，原址受到侵犯，逐渐衰落。19 世纪，这里成为清军的指挥官总部。满族实行八旗制度，因此这里被称为八旗会馆。后来，这里曾属于私人，但太平天国时期被太平军占领。再后来，这里不仅是省衙门，也是八旗子弟的会场，其中一个最古老的亭子是他们的会馆。

　　园林及其中的建筑因此历经变迁，有过多种用途。尽管从未被摧毁，但也从未修缮完好。1911 年爆发的辛亥革命推翻了清朝统治，然而园林继续衰落，无人过问。建筑几近坍塌，野草丛生，几乎长满了水塘和水渠。（参见 202 页，图 129）尽管如此，部分园林依旧风景如画。虽然衰落遮掩了园林的美丽，却未完全毁坏最初的风采。

　　从外面穿过大门，沿一面高墙走几步就来到园林入口。（参见 203 页，图 130）这是一个椭圆形的门洞，门旁有株古老的紫藤，可追溯到文徵明时期。再往里才真正称为园林，形态各异的石块堆成迎客石。从这里开始，可以沿着不同的方向继续漫步。大块的石头摆成曲折的人行桥通向远香堂。（参见 141 页，图 20）旁边是南廊，大荷塘现在已经成了一片绿色的洼地，另一边几座建筑的名字充满诗意，如雪香云蔚亭（可能指的是从这里看到的独特景象）、秫香馆、梧竹幽居、荷风四面亭等，尽管有一些已经名存实亡。一个僻静的角落里种着橘树和枇杷树，旁边以前是画室。据苏州历史记载，文徵明和友人曾在此聚会，比赛书法、绘画和诗歌。

　　如前所述，近几十年来，拙政园逐渐衰落，无人过问，腐朽破裂的地方没有人去修

①因官场失意而还乡的御史王献臣，以大弘寺址拓建为园，取晋代潘岳《闲居赋》中"灌园鬻蔬，以供朝夕之膳……此亦拙者之为政也"意，名为"拙政园"。——译者注

复。但正因如此，真实的环境才得以保留，园中弥漫着一股伟大而真实的气息，这种古朴使人信服，令人着迷。（参见 174 页，图 75）

苏州南部的网师园规模小得多，给人的印象截然不同。与其他苏州古典园林相比，网师园最大限度地保留了现代气息，因为现在仍有人居住。（参见 206 页，图 133）

据记载，这里可能在宋朝时就有园林，但与现在究竟有多少相似之处却无从查证。这座园林在 18 世纪时因其华丽的牡丹而闻名。这里的牡丹可与扬州的相媲美，扬州是当时中国的花园城市。

如前文所述，网师园规模不大，但是有一种深邃、神秘和不可捉摸的神韵，特别是树木繁茂的时候。小水塘是这里的中心，周围有石块、古树、桥和长廊，就像林中的水塘一样。（参见 205 页，图 132）这里几乎没有多余的空间，有些地方的树穿过廊顶或者石头，伸到水中，支撑着水上的桥或亭子。湖岸是园林的构图中心，周围的建筑随湖岸的形状曲折分布。（参见 206 页，图 133）后面主要是墙和居住区，看起来似乎并不重要，至少从美术的角度上来说。然而，在空间充足的地方，这些建筑与自然景观相融合。（参见 146 页，图 29）这样一来，在僻静的角落里就可以看到，几块石头堆在古树周围，旁边是开着白牡丹的花坛。这个花坛从突出的凉亭或有棚的平台上可以看到，在温暖的季节无疑是一处胜景（参见 136 页，图 8），尽管不如夏天可以在其中用餐的水上亭子那么吸引人。这

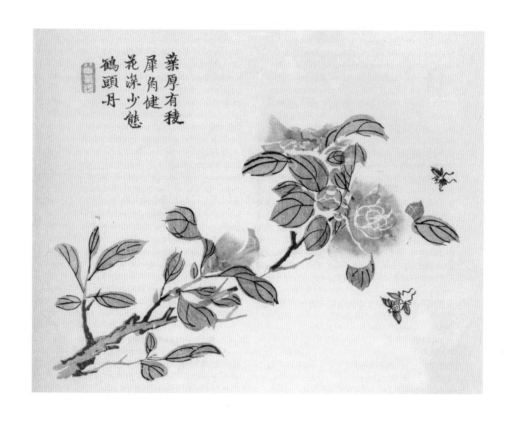

山茶。依据易元吉（活跃于 1030—1065 年）的画而作的版画

里可以欣赏到水面上的光影变幻,鱼儿在摆动的荷叶下安静地游动,不必担心受到打扰。(参见207页,图135)不过,这种园林最好是在春天观赏,那时树叶已经长出,木兰和果树已经开花。这是观赏园林的最佳时节,华丽变换的倒影美得无法形容。

另一座现在仍有人居住的苏州园林属于顾家。这座园林相对较新,建于19世纪70年代,创建者顾鹤逸是现任主人的祖父。顾鹤逸遵照医生的建议到苏州休养,专注于园林,这座园林由此而得名"怡园"。怡园包括几个安静的角落、小路,以及其他适合散步和冥想的地方。(参见131页,图3)为了让这个地方有趣而丰富,显然费了不少麻烦和财力。对于西方的参观者来说,设计者似乎对某些地方过多的假山和拥挤的树木感到愧疚。在这些混杂的奇石和树木之间很难完全看清景色,但似乎也不该完全看清。(参见208页,图136)这样的园林应该因其丰富和变幻令人着迷,而非井然有序。中间的水塘是园子突出的主题,其中有鱼和荷花,对面是高耸陡峭的假山和各种各样的树木。春季,各种花卉相继开放,非常迷人。我3月中旬参观的时候,李花和山茶花已经开过了。但是其他众多树木,如杏树、桃树和木兰正开着白色和粉色的小花,开满枝头的花朵遮住了光线。叶子还没有完全展开,但矮枫树已是红色,柳树染上了淡绿色,成熟之后颜色会变深。每棵树仿佛都在以自己的旋律、自己的声音和色彩迎接春天。白色的红顶鹭使得画面更有生气,它们在假山之间漫步,看起来很像乾隆时期的宫廷装饰画。(参见209页,图138)

栀子。根据吴元瑜(约1050—1104)的画而作的木版画

1911 年爆发的辛亥革命并未使苏州园林艺术熄灭。近几十年来，人们努力修复破败的旧园林，还建了一些新园林。在这些重建工作中，值得一提的是王季玉的振华女校。我去参观时，学校还是一片平地，荒无人烟，没有任何山丘起伏，植物稀少，也少有人在。（参见 206 页，图 134）但其中确有一块非同寻常的园林石，这种类型在中国再也找不到了。（参见 151 页，图 35）

　　沧浪亭建于宋朝，近代经历了改造。它在历史上屡次遭到摧毁，最近的一次发生在太平天国时期。19 世纪 70 年代，沧浪亭得以重建，1927 年在此建立美术学校。园林由此避免被彻底毁灭，但仍旧遭受了很大不幸，因为园林中美丽的建筑已被带有仿古柱廊的大型宫殿所取代。这座园林的突出特点是有一条河环绕。河上有一座桥，通向拱廊，替代了普通的围墙。（参见 208 页，图 137）

　　上次（1935）我在苏州参观的新式园林采用传统风格设计，使用了大量石头和水。由于树木还尚处于萌芽状态，形态丰富的石头令人印象深刻，新式园林给人的总体印象与古典园林别无二致。但石头成堆显得很单调，失去了丰富的表达性，显示出想象力的缺乏。（参见 210 页，图 139）

　　苏州作为绘画和园林艺术中心的重要地位在明朝之后逐渐减弱。18 世纪初，其他地方在这些方面开始凸显出来。首先要提到的是扬州，一个位于京杭大运河北部的小城市，还有位于上海附近的南翔。写意派的一些最有创意和天赋的代表性画家居住在扬州；与此同时，由于经济繁荣，扬州在园林艺术的氛围上下了很大功夫。这些艺术成就来自石涛的设计，他是中国艺术史上想象力极为丰富的画家和诗人。乾隆皇帝曾两次下扬州，为在北京建造园林而汲取灵感，这足以证明扬州园林的美丽和名声。扬州的园林目前所剩无几，太平天国时期被摧毁，后来有两座园林得以修复，即何园和平山堂，但并未保留长久。然而，考虑到其作为后来京外皇家园林原型的历史重要性，它们值得被人们记住。皇家园林里很多漂亮的石头据说都是从扬州运来的。

　　南翔相对较为幸运，从前如诗般园林城市的特点得以保留。如今，这里依然可以看到寺庙和小型私人园林，水面如镜的鱼塘周围有质朴的石凳，古树下立着别致的亭子。古典园林中最有名的是古猗园，初建于明朝，此后历经变迁。这里最初属于寺庙，但现在成了公园，因此没有保存最初的样貌。同中国南方其他很多地方一样，这里的优质水源、丰富的野生植物是园林特色所在。（参见 211 页，图 140）无论外在的设计被摧毁或改变了多少，这里的生活依然继续，从前的幸福时光依旧延续。

　　虽然中国最丰富、最独特的园林文化在南方，但北方的园林也不在少数。尤其自 15 世纪以来，北京再次成为首都，皇室和大量随从归来，这里不仅需要王府，还需要园林。

　　在不同领域新兴的民族特点和创造性活动，要求为传统的园林设计搭配合适的环

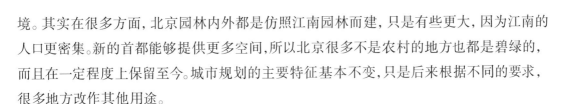

境。其实在很多方面，北京园林内外都是仿照江南园林而建，只是有些更大，因为江南的人口更密集。新的首都能够提供更多空间，所以北京很多不是农村的地方也都是碧绿的，而且在一定程度上保留至今。城市规划的主要特征基本不变，只是后来根据不同的要求，很多地方改作其他用途。

17 世纪末 18 世纪初，在颇有作为的清朝皇帝的统治下，北京得以复兴，建造了很多新建筑，不仅有寺庙和宫殿，还有公园和园林。由于缺乏资料记载，经常难以分清楚某个园林初建于明朝还是康熙或乾隆年间。有些园林建于 15 世纪，但在乾隆时期或后来曾经修复过。比如，有几座清代王府的基础是已经部分摧毁或衰败的明代建筑，一些园林一直保存至今。清代王公贵族的住所占据了北京的北部和西部，但他们的府邸很难一眼就找准，因为它们隐藏于高墙之间，连树都很难看到。只有进入这些地方或从高处观察，才能完全看到原本是黄沙的城市中的绿洲。王府自然形成了一个等级，介于皇家园林和更为朴素的附属于富人住宅的园林之间，而皇家园林和富人的私家园林现在大部分都已经消失了。北京的园林并未完全消失，还有很多其他的园林，包括私人的和公共的，现在属于社团、协会，或官方机构。但我们并非要在这迷宫一样的城市中找出所有现存的园林。如果仔细参观而非走马观花，会发现北京是一座园林城市；但由于历史的戏剧性变化，许多装饰背景发生了改变。

在出发去参观一座早已衰落但部分保留的皇家园林之前，先来简要地了解一下几座王府和私家园林，以对其特色布局和美景有些概念。25 年前，我曾有幸参观并拍摄了其中最好的一些王府：礼王府、睿王府、成王府、醇王府（又称老七爷府）、七爷府（又称新醇王府）、恭王府和涛贝勒府。前三座是最古老的，始于清代皇帝的第一代亲王，其他的要晚一些。

这些王府共有 20 个院子，前院一般用来举行仪式，后院则是居住区，还包括大小不同的园林，里边有小一些的建筑和亭子，用于赏景、冥想，进行文学艺术活动。一些地方像公园一样还有山、洞穴、水塘和水渠。

因为我们的兴趣主要在于园林而非建筑，游览成王府和恭王府，我们将最为受益，尽管 20 世纪 20 年代初，这些府邸绝非保存最完好的亲王府邸。现在，成王府大概已经被完全破坏了。成王府最初建于 16 世纪，当时是万历皇帝的亲信大臣李梁的府邸，19 世纪上半叶，新主人成亲王进行了改造，他多年担任顺天府尹。然而，成王府最后一次短暂地出现在人们视野中是因为成亲王的大儿子是个声名狼藉的败家子，整日吸鸦片，最后不得不全家都搬了出去。自此，成王府似乎就被废弃了，慢慢衰败下来。

成王府的正门并不是同类建筑中最为宏伟的，但同样由古树遮蔽，门外守卫着一对庄严的石狮。门厅里曾放置着旗、戟、鼓以及其他守卫所用的器具，在成王府的门厅中还可以看到。穿过门厅及一些开放的庭院，就来到了银安殿。这是会客场所，仍有原本美丽的殿顶装饰和壁画痕迹，但没有任何家具及配件。（参见 214 页，图 145）银安殿后面，再穿过一个庭院，便是神殿。这是成王府中最宏伟壮丽的建筑，用于举办拜祭祖先的活动及其他家庭仪式。若继续沿着主轴及其横轴前进，就会慢慢走到居住区。居住区显得更为温馨一些，尤其是那些绿树掩映中的住所。

很多住所仍挂着牌匾，展示其原来的用途，有时可以从中看出其流露的世界观。先看一下来声阁，这里是专门用于作诗的。这里的气氛不再能够启发灵感，因为从敞开的大门看去，里面杂草丛生。（参见 215 页，图 147）从这里可以进到另一个被废弃的小院子，无人打扰，美景不再。院子里有一棵大柳树、几株小刺槐，还有一些自由生长的植物，树根经由平台石阶，一直延伸到堂前（用于养花）的雕花石盆中。这座"为善最乐堂"位于平台上，四周栏杆环绕。（参见 215 页，图 146）

经由侧门，进入居住区中间公园一样的大花园。其中间位置是一片大水塘，柳树倾斜至水面，水上曾倒映出精致楼阁的影子。但这已成为过去，从遥远的夏天存活至今的只有塘底石缝间努力向上生长的野草、木槿和鸢尾花。（参见 216 页，图 149）到处都呈现出衰败的迹象，只有山水和楼阁赋予这片土地些微浪漫景致。这里有跨绛亭、朝爽阁、点春堂，其他建筑的名字也富于想象力，屋顶宛如飘浮在空中，格子门窗通风透光，栏杆似乎将其与变化的环境自然连接。有几处建筑遭到严重破坏，支柱和屋顶都腐朽了，长满了苔藓。但如果用心去感受，不难想象出缺失的部分，想象出横跨水塘的桥上有一座亭子，倒影映于水面。这个亭子有一个充满艺术气息的名字——跨绛亭。亭子弧形的顶和桥上的位置使人产生飘浮于空中之感，但毫无疑问的是，其倒影比建筑本身更像彩虹。（参见 216 页，图 148）花园远处的西仙楼是个剧院，楼高两层，有一座伸出来的露台，"仙子"在露台上吟唱，底层平台上演出其他场景。（参见 214 页，图 144）

我去游览的时候，草木和建筑都疏于照料，但在这里仍能发现美丽的梓树、合欢、槐树、垂柳，以及一些矮小的牡丹等花木。水塘中水量充足时，无疑这些植物都健康水灵，但在北京，无论这里还是其他任何地方，这种成片的花木都不会像在苏州园林中那般迷人；这里的山石也不像在南方地区那样丰富，可能是因为长途运输抬高了它们的身价。成王府中只有一座小假山，安放在泉水边作为洞穴。旁边有一座漱玉亭，可能表示泉水像玉一样清澈洁净。

19 世纪末期，恭王府处于全盛时期。当时在北京，清朝王爷们的所有府邸中，恭王府是规模最大、最雄伟的。这是一座非常重要的建筑，其中的花园富丽堂皇。18 世纪末期，恭王府的主人是乾隆皇帝身边的大红人和珅，他在这里一直住到 1799 年失宠被迫自杀。①相传,他府邸某些地方的华丽程度、艺术装饰可能足以与皇宫相媲美(这加速了和珅倒台),但这方面似乎丝毫没有保留下来。和珅死的时候,财产被没收,恭王府被赐予乾隆皇帝的十七子庆郡王,后来被他的儿子继承。此后,1849 年,恭王府被收归国有,但两年后,又被赐予道光皇帝的十六子恭亲王奕䜣。我们知道,19 世纪中期以后风雨飘摇的几十年间,奕䜣是中国最重要的官方代表,1860 年悲惨的战争之后,受命与欧洲列强进行艰难的谈判。

恭亲王是位业余的建筑及园林爱好者,正是由于他精力充沛,经过精心筹划,恭王府才有了如今的规模和壮丽景观。1898 年恭亲王去世后,建筑及花园的维护工作几乎停滞了,但恭王府至今仍大致保存完好。部分宫殿原为这个家庭的年轻人——恭亲王的孙子溥伟和溥儒使用,20 世纪 30 年代末,全部卖给了北京辅仁大学。不应忘记的是,溥儒是位著名画家,他尽力保持恭王府原有的尊贵和魅力,不时举办招待会和游园会,邀请东西方游客参加。

没有必要仔细探究整座建筑,或其南半部分的结构。其中有些可能源自和珅时期,但至今为止尚未有人仔细考察过其年代。无论如何,规划是统一的,而且就是典型的中国宫殿构造。恭王府整体朝南,有三条平行的主轴,每条主轴都包含六处庭院,这些庭院是前后相连的,四周是宫殿和长廊。南部这片整齐的建筑以一座长长的两层楼为终结点,其开放式长廊实际上构成了背景。其后就是花园,同样分为三部分,但并不像南部建筑那样对称分布。

这座花园明显原本是由恭亲王在 19 世纪中叶以后的十几年间设计的,但其形制严格遵循中国千百年来形成的构造原则。因此,其如画般的美感和令人惊叹的装饰胜于其他对山水的精心开发,水可以干涸,但山仍然屹立,传达出曾遍布于此的浪漫气息。这里我要对 1922 年至 1930 年间拍的照片做一些说明,因为很多地方此后就消失或改变了,但当时还保持着原貌。

花园中间部分的主入口是扇仿西式的大门,上面却是中文题词“静含太古”,令人惊讶。走进去后,迎面看到的是宏伟的假山,其中一座像高大的大门,顶上横放着一块石头。这种设计十分大胆,同时巧妙地将光和投在柔软的深绿色背景上的影子进行了经营。(参见 220 页,图 156)

在第一座庭院的入口处,有一片水塘和一道给水沟,四周是粗糙、天然的石块,其中一些石块也用作台阶。水塘被柳树和皂角树(这座花园里有很多皂角树)所掩映,但由于水干涸了,树也显得无精打采。水塘后面的石台上,是一道长长的、带有凸出游廊的楼阁,

---

① 关于恭王府的历史资料参见陈鸿舜、G.N. 凯茨:《北京恭王府及其花园》,《华裔学志》,1940 年。

称为安善堂。它东西两侧都有倾斜的长廊，就像伸出两条臂膀，由此与南北方向的侧廊相连。（参见 217 页，图 150）当树影倒映在水中，随水波起伏荡漾，立柱间光影摇曳，景致必定美不胜收。

其后的院子稍大，周围只有开放式长廊，与前院的长廊相平行。西侧的长廊更长更完整，我们一会儿马上回来讲。北面中间是一座高山，这是恭王府的最高处，由中空嶙峋的石头构成。山前是一道曾经蜿蜒曲折的小溪。山间有一个无法绕开的洞穴，两侧都是弯曲的水道通向远处，那里有倾斜的长廊通往山顶背后的开放式楼阁。这座山叫作滴翠岩，之所以叫这个名字是因为山顶有一个容器，需要时会用桶装满水，水从这个容器中流淌而出，流入洞穴中，并由此流入山前的小水塘中。这个洞穴叫作秘云洞，是花园中最神奇的景致之一。山顶上的平台叫作邀月台，构成花园中的浪漫顶峰。（参见 218 页，图 153）

花园西部的大部分区域是一片矩形的大水塘，尽管如今已经干涸，但仍可感受到其宽广。要装满这个大水塘一定是个相当艰巨的任务，因为水不能从附近的河流湖泊中引来，而是从附近的泉水中抽出，地下水道将这眼泉与这个水塘连起。[①]借助于传统的水车，缓慢地旋转，将水运出。由于塘底没有铺石，草及其他植物在水底扎根，所以这里的水需要经常补充。

水塘边上有几层粗糙的石块，部分露出水面，形成一种简单的平台或者台阶，通向水塘沿岸的长廊。在一些地方，柳树扎根于石块当中，树干倾斜在水面上。另一侧，高大的椿树在长廊上方舒展枝叶。就这样，树和建筑搭配水和石头，营造出连续变化的构图。有特色的一点是，两条长廊其中一条称为诗画舫，给人坐船航行的感觉。这里有时会展出书法绘画作品。（参见 217 页，图 150）

水池中间的石头上有一个很高的平台，其上有一个敞廊名为观鱼台。观鱼台不与水岸相连，只能划船到达。同许多皇家园林一样，观鱼台高出水面倒映于水中，如今这样的画面只能想象了。（参见 217 页，图 151）

水塘的另一端有一组形状奇特的石头，部分浸在水中。北岸边一个稍大的用于居住的厅前有一个小果园。（参见 219 页，图 154）就是在这里，春天果树开满花的时候，艺术爱好者、画家溥儒亲王曾与中外友人举办宴会。家族中的女性也参加了这些活动。繁花满枝，各色人群在别致的亭子和长廊前走动。水面波光粼粼，春风吹响鸽哨，这里成了诗情画意的乐园。

北京最现代的王府是建于 20 世纪初的涛贝勒府，它不同于恭王府里奇妙的石头造型，布局非常简单。当时的主人是新时代游历丰富、富有而且聪明的代表之一（同光绪帝

①参见陈鸿舜、G.N. 凯茨著：《北京恭王府及其花园》，第 56 页。

一样），他希望将北京的新旧观念融合起来。从大门到祠堂的主要建筑是传统风格，一些院子里有大树遮阴。但他希望通过将中国的山石同仿欧式的避暑别墅和喷泉结合，使园林别具风韵。中国的山石更倾向于配合使用廉价的西式木器，精致的青铜丘比特像与质朴的石头看起来格格不入。这样的结果说明，在园林造型中使用不同地域的元素与在欧式建筑中使用奇特造型的石头同样困难。毕竟，画建筑构造轮廓图比把多变的自然形状提升为艺术表达要简单得多！（参见 219 页，图 155；参见 222 页，图 158）

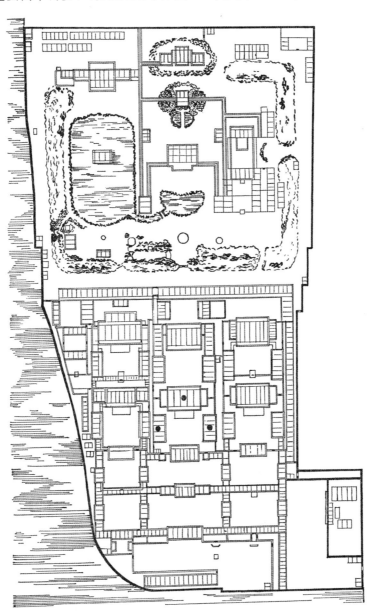

上图依据一幅恭王府示意图绘制而成，刊于《华裔学志》第五卷。此处刊载获出版人魏智允许，北京

然而，类似的混合风格在北京非常独特。一些建于 19 世纪末期或更晚的园林曾落入外国人手中，但却完整保留了一贯的传统印记。这些园林的规模有限，但同样非常迷人。其中最好的一个例子是 19 世纪末常铸九（ChangChing—wei，常经纬）的园林，20 世纪 20 年代由一名意大利商人购得。园林初建的时间不得而知，但其经验丰富的设计者曾为慈禧太后重修颐和园。他的名字是桂中堂（KueiChung—t'ang，桂春），据说他曾经挪用大量皇家园林的石头和其他材料供自己使用。（参见 146 页，图 28；149 页，图 33；150 页，图 34；182 页，图 85）

这或许有助于理解构成水塘和中心主题背景的石头为何如此引人注目。这些石头效果极好，丝毫不亚于皇家园林的假山，配上凉亭、桥和柱廊的背景，从不同的角度看会有不同的画面。近年来，水源明显不足，水塘往往不满，但塘底泥土肥沃，植物依然茂盛。春天的鸢尾花和夏天的荷花继续绽放。（参见 224 页，图 162）

在相对小的空间里传统元素和谐共存的例子，我想举的是北京西部老藏书家傅增湘住宅的花园，精致且富有田园风光。（参见 226 页，图 164）这个花园占了整套住宅的前院，一边连着房子，另一边则是露天长廊和住宅不同部分的通道。（参见 166 页，图 62）这里也有一个水塘，尽管面积不大。水塘边围着石头，上面立着一座亭子，被一棵大柳树遮挡。这里适合休息和冥想，这是整个布局的中心主题。人们可以注视鱼儿静静地嬉戏，欣赏平静水面上变幻的倒影。其他景色出现在走廊上以及夏季用餐的房间里。这里的风景是不同的，重点是树间的空心石，有些树上覆盖着藤蔓。整个构图细节、种类丰富，每个特点都没有因过分突出而破坏整体。多样化不会令人迷惑、疲倦，一切都营造出宁静和谐的愉悦氛围。

除了上文提到的园林，北京的居住区中还有很多古老园林的重要遗迹。下面我们简要介绍海淀的一座花园，位于市区和颐和园中间，乾隆时期为满族、蒙古族亲王建造。由于水源充足，这里的园林即使衰落，却仍然植物茂盛。这里的艺术元素与之前提到的基本没有区别。总体来说，其组成元素保持稳定，但具体的利用方式根据当地情况而有所变化。（参见 225 页，图 163）

如前所述，近三四十年来，连住在北京的西方人都修复或改造了之前被忽略的住宅花园。科克尔先生家的小花园是一个很好的例子。（参见 227—228 页，图 165—图 166）实际上，这个花园只有一片种着开花植物的大理石池子，但后面有个露台，顶上有座亭子，背后有扇月亮门。从这里看去，画面的焦点是一块高高的造型奇特的石头。对花园的印象不是靠测量，而是靠感觉。中国园林的基本特征以最简单的方式有效地表达出来，展示了中国园林的传统元素是如何运用到现代创作中的。

第八章

三 海

（北京北海、中海、南海）

如果说在北京，有些建筑依然保留着中国皇家园林特有的浪漫氛围，那必然是三海（南海、中海和北海）沿岸的建筑。至少25年前，我的印象是这样的。当时我有幸在这些公园内随意漫步、拍照，那时它们并不对外界开放。置身其中，你会感到孤寂，旧日记忆浮现心头，聆听春天鲜花于枝头绽放时无言的诗篇。就像在空荡荡的舞台上散步，精妙的装饰依旧保留，而演员早已离去，欢歌笑语只剩一片静寂。

　　但这种氛围几已消失殆尽。景色已经被修改、破坏，甚至消失了。自从这些专属的游园变成公共游憩场所，布满了为"凡夫俗子"服务的茶馆和饭馆之后，它们便呈现出不同的形象，过去的光辉暗淡下去。"三海"历史上的这最后一个阶段，可能就在努力寻找资金以保护建筑和花园中度过。如果说在这方面有所收获，那最大的收获就是避免损失更大的历史和艺术价值。

　　这里所展示的三海园林的图片和印象，绝大部分早于这最终的转变，因此保留了现在已经消失了的图案和意蕴。我的目的不是介绍现在的实际情况，也不是详细介绍历史背景，而在于展现其艺术特征及美感。但由于材料太多而空间有限，这项任务我只能说完成了一部分。

　　这些公园最早可追溯到12世纪，当时"金人"或者说金朝统治着中国北方。他们的首都位于现在北京城的西南角附近。传说当时挖掘了水道和一系列小湖泊，将西山脚下的泉水引到北京"皇城"。这条水道被称为金水。"三海"被进一步拓宽，挖出的土堆成了小岛和平台，湖岸上栽种了大量树木，建起了漂亮的建筑，变成了游乐公园。[①]元世祖忽必烈统治时期，新的首都汗八里基本上就是当今北京所在地，这片土地属于皇家居住区，称为大内。经过进一步挖掘和植树，三海变得更美了。

　　马可·波罗在这个时期访问过元大都。通过他我们了解到，这位伟大的蒙古皇帝拥有一座由开凿湖泊挖掘出的泥土堆成的"山"，他在山顶为儿子搭建了一座亭子。如今，山赫然伫立如往昔，这就是北海南部的琼华岛。自1652年在山顶建了一座汉白玉舍利塔后，现在人们通常称之为白塔山。（参见229页，图167）马可·波罗觉得这个地方非常有趣，他说这座"至少高百步，方圆约一英里"的山，"栽植着郁郁葱葱的常绿树木，只要皇帝陛下听说哪里有秀丽的树木，无论多大多重，都要把它连根带土挖出，用大象运送到这座山上，因此山中林木愈来愈多。由于山体常年绿色掩映，它也被称为青山。山顶筑有一座精致的亭子，同样通体绿色。山、树以及种种建筑，呈现出令人愉悦又充满希望的图景"。

---

①想了解更为详细的历史资料，请参见中国当地的地方志《顺天府志》，以及布雷特施耐德著的《北京及其城郊考古历史研究》。

下文我们漫步于北海公园时,还将介绍这座"山"、山中雅致的建筑、雄浑壮丽的岩层,及其他精妙装饰的布设的现状。但现在我们先回到马可·波罗提到的附近另外一个地方,它在整体上保留了更多的原始特征,这是一座高台,上有建筑和古树,其名称"团城"就源于其形态。(参见 231 页,图 170)它矗立于北海入口处一块很小的地方,由一座汉白玉长桥——蜈蚣桥——与白塔山相连。不过,最初这也是个独立的小岛。其上有一座仪天殿,最早可能是用作僻静的冥想或观景地。高台上的建筑被多次修复过,但树木明显更为久远。传说其中的刺柏早在 12 世纪就种下了。(参见 234 页,图 172)当然也可能有点夸张,但无论如何,这都是古老的松柏标本,其斑驳粗糙的树干和灰白色的古老枝丫唤起了遥远而暗淡的回忆。它们与中空且坚固的假山形成了完美的统一,给人们留下的印象比后来的园林更为深刻。

　　此外,高台上的凉亭中存放着一个非常有趣却鲜为人知的元代艺术作品。这是一个精雕细琢的玉瓮,体型庞大,雕饰飞龙和波涛,在中国古代玉器中占有突出的地位。乾隆皇帝把它放置在大理石雕座上,并题上了富有诗意的铭文。另一方面,承光殿(高台上相对较小的建筑群中最大的那座)中雄伟的佛像并非人们平常所说的玉雕,而是由雪花石膏一样的白石雕刻而成。其年代可能不会晚于 18 世纪上半叶。这些建筑群中最引人注目的是两座精致典雅的凉亭,可能建造时间更晚一些。但无论如何它们在后来都经过了修复。虽然团城并不位于北海公园内,但它却以保存的艺术作品、造园要素、坚固的假山以及古老的松柏引起了人们的兴趣。

　　可想而知,在这片广袤之地的其他地方,也有元世祖"三海"园林的遗迹。但现在,它们已经被后起的建筑和植被所遮蔽。自 15 世纪 20 年代永乐皇帝在北京设立新都起,修葺公园的工作又如火如荼地展开。"三海"恰好位于皇宫西墙外,成为温暖的时候居住在圆明园的人们舒适方便的活动场所。这个地方被叫作西苑或是金海(可能因为人们可以在这里欣赏日落美景)。其中几处作为永乐皇帝夏季的住所,因此需要进一步开凿湖泊、栽种植物、建筑殿宇。事实上,尽管 18 世纪满族皇帝以及后来的慈禧太后都对西苑花园和建筑进行了整修,但是湖的形态与今相差无几。由于君主们努力以巧夺天工的精妙手法,将这处夏日住所建造成传统花园样式,"三海"湖岸保留下来的园林至今仍与众不同。也是在这个时期,产生了南海、中海、北海的名称,并一直沿用至今。

　　这片广阔的土地分为三个区域,其中大部分都是水域(像前面讲过的圆明园一样)。最南端的南海,几乎呈正圆形,通过两条运河与中海相连,运河上建有横跨的桥梁。中海水面狭长,其形态让人联想到一条鱼。中海与北海被前面提到的团城隔开,一座大理石长桥从这里一直延伸到西岸,这座桥名叫金鳌玉蝀桥(今北海大桥)。直到 20 世纪 20 年代末期之前,这座桥上还设有屏风以防止路人眺望禁苑中海。但是如今桥的两侧都可自

由观望。此外，这座桥以其精美的雕饰和长度，被誉为北京最美的桥。（参见 230 页，图 168—图 169）

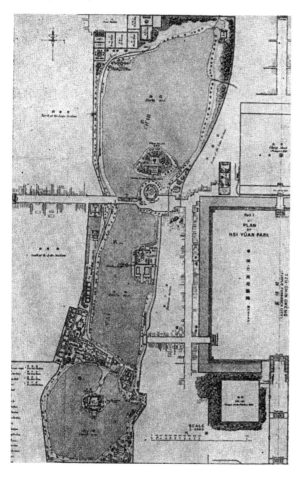

北京三海及周边的平面图

南海的中心主景是瀛台。这是一座圆形小岛，通过长堤与陆地相连。长堤最狭窄的地方断开了，缺口由一段吊桥连接。吊桥升起时，瀛台就与陆上完全隔离。1898 年戊戌变法失败后，光绪皇帝被慈禧太后囚禁在此两年。义和团运动之后吊桥终日高悬，光绪皇帝那时已行将就木，生命如同寂静湖面上暗淡的天光渐渐褪去。

多年来，光绪皇帝所拥有的唯一领地就是这座小岛，直径不超过三四百米。虽然空间相对较小，但仍在有限的范围内布设了亭楼阁宇。岸上种植了高大的乔木，一些地方堆有假山，水上建起了优雅亭榭，这一切仿佛海上仙境、"极乐之岛"——蓬莱。现在中国一定没有其他地方，能够将这种经常出现在诗歌与绘画中的意象如此充分地展现于建筑之上。此外，由于瀛台孤立湖上，建筑至今受破坏较少（直到 20 世纪 30 年代初，其中的一座楼阁被改成了餐厅）。如果你希望感受皇家园林的氛围，无疑应当关注这整片区域。

从北边向瀛台走来，经过吊桥，沿着一道两侧都是饱经风霜的椿树的宽阔缓坡，就可以走上瀛台。（参见 235 页，图 173）迎面是一座长而弯曲的楼，名为翔鸾阁。在这座造型优雅的两层建筑中，有一个小院子，周边环绕着一些规模较小但是风格类似的建筑群，如涵元殿、香扆殿、藻韵楼，这些名字让这里的建筑熠熠生辉。（参见 236 页，图 175—图 176）在这个建筑群的南侧，湖岸的尽头，老树枝丫横斜水上，那里坐落着春明楼和湛虚楼（参见 223 页，图 161），其间的水中石台上有一座迎薰亭，它孤立湖中，远离"红尘"，观者视线可穿过雾蒙蒙的水面，直入永无止境的梦幻国度。当夜晚的雾气轻拂南海岸边，可以真切地聆听到那寂静之音。乾隆皇帝曾经对此美景赋诗赞颂，并刻在亭中石碑

上。（参见 226—227 页，图 164—图 165）[①]

如果从这里，从瀛台的最南端，沿湖岸向东漫步，将经过前文提到过的春明楼，行至一处坐落在水上的精巧建筑——韧鱼亭，它通过两座长拱桥与湖岸相连。（参见 237 页，图 177）继续前行，道路两侧堆筑了巨大的石洞假山（参见 142 页，图 21），营造出一种天然山林的景观氛围。处处层峦叠嶂，间或有一些小凉亭藏身其中，例如水虹亭和八音克谐，这是瀛台边两处特别惬意的地方。

查找一下关于南海的早期记载，如《顺天府志》中的相关内容，可以找到瀛台和南海北岸主园的一系列亭、楼、台的名称。单看这份名单势必会觉得枯燥乏味，毕竟我们不能一一识别、再现出来。而且，它们与此前提到的建筑并无太大差别，虽然整体效果可能会依据周边景致的变化而有所不同。但应指出的是，中国人非常重视这些富有意韵的名称，很多时候它们不仅仅是诗意的幻想或想象的产物，而更多是取自于古代皇家园林的类似建筑，因此应当参考历史和文学相关资料，去体味其中所赋予的丰富意蕴，这种意蕴任何翻译都无法传达。

中海沿岸的建筑相较于南海所占面积更广，但未能像前文提到的瀛台中的建筑一样保存良好。其原因在于，中海的大部分区域，尤其是西岸，先后被慈禧太后和袁世凯改造了。他们都曾住在这里（袁世凯一直住到 1913 年），甚至在寝殿旁设立了办公建筑。但是，近期的这些改造很难称得上建筑艺术，即便放在不那么优美的环境中，也会显得突兀。另外，这些为慈禧太后而建的小型宫殿多多少少模仿了往昔的颐和园。数座大殿及长廊环绕着一片矩形场地，整个建筑群最令人惊讶的可能就是其名称了：怀仁堂。这个名字颇具讽刺意味，因为那极其残忍的谕旨就是在这里下达的，当侄儿光绪帝被囚禁在瀛台受苦受难时，怀仁堂却是慈禧最喜爱的地方。1908 年 11 月，"老佛爷"就是在这里结束了她动荡起伏的一生。

所有建筑都雕梁画栋，门窗精工细作。庭院也有独特的饰物，如装饰性的假山、雕花石座、瓮、日晷等，还有成排的刺柏，它们柔软的枝条像羽毛一样轻抚着地面。但整体给人的感觉却是循规蹈矩，这表明，即使是皇太后及其谋臣也不都是对西方的影响视而不见。（距此不远，慈禧就建有一座仿欧式的殿宇，在这里接见外国公使的太太们。在她看来，她们很爱多管闲事，问这问那，因此不能让她们进入那些小殿堂。）

但除去慈禧下令建造的这些新殿堂，中海仍然保留着着许多旧时的亭阁，它们与周边环境更为和谐。其中一些掩映在茂盛的林木中，如两座相连的圆亭——风亭和月榭（参

---

① 应为图 171（参见 233 页），乾隆皇帝题迎薰亭联为"相于明月清风际，只在高山流水间"。——译者注。

见 238 页，图 178）；其他建筑沿水渠设置，形成一个大卍字图案，因此称为万字廊。这里的亭台楼阁通过开敞的走廊相互联系，在曲水岸边行走步移景异，对面花园中牡丹和白芍药仍在盛开。（参见 145 页，图 26；239 页，图 180—图 181）水边还有一座两层楼，名字很有诗意：听鸿楼、纯一斋。山间有一座带有开放式阳台的两层楼，名为爱翠楼，是为喜爱清新绿荫的人而建；还有一座小亭子供人安静地休息，名为静憩轩。

这位热爱艺术的太后喜爱中海不难理解，她常常在宫女的陪伴下住在这里。听当时当差人说，二月十二日（即春分时）会在这里庆祝花与树的生日，迎接春天的到来。届时，太后及其随从会将黄色和红色的丝绸系在花茎上——这样的仪式必然为那些喜绘典雅高贵之花的画家提供令人着迷的主题。只要花圃得到定期照看，满怀回忆徜徉其中，定能想象自己看到了花木扶疏间那鲜艳华丽的丝袍，听到了女人们的欢声笑语混杂着黄鹂的低声呢喃。

继续沿中海西岸漫步，很快就会看到一座大型宫殿，坐落在林木掩映的宽阔大理石平台上。这就是紫光阁，通常被译为"雄伟的紫色宫殿"，类似于通常将紫禁城译为"禁入的紫色之城"。这个"紫"字并不指紫色，而是指象征皇帝的紫微星，即北极星。详细描述这座建筑将离题太远，但它也许是北京最美、保存最好的正殿之一。自 17 世纪末以来，它几乎不可更改。（参见 240 页，图 182—图 183）就是在这座大殿中，西方各国使节第一次"集体"受到中国皇帝的接见（1873 年 6 月），并得到了提交国书的机会。

湖对岸是一片郁郁葱葱的林木，其中有一座较大的宫殿，宫殿四周的围墙很独特，旁边还有一个栏杆围绕的平台，沿着宽阔的台阶可以登上去。这就是万善殿，是自明朝嘉靖年间（1522—1566）就存在的寺庙建筑，清代初期得到修复。（参见 241 页，图 184）据说，最初建造万善殿是为了祭拜大熊座，尽管布置得像佛堂一样，还有相应的图像、家具和装饰，保存之良好极为罕见。不仅是清朝皇帝，数位民国领导人也都尽心尽力地修缮这座大殿。这里还常常作为佛教徒及学者们会面的场所。大殿后面有一座较小的圆形建筑，看上去它的真实功能是遮蔽内部巨大的佛塔。其后的平台是观赏中海蓊郁湖岸的最佳场所，岸边林木在如镜般的湖面上留下倒影，使人产生置身于繁华都市中心地带的娱乐园的感觉。

水云榭离这片宫殿很近，差不多扔块石头的距离，但现在已经无法从陆地走过去了。这是一座平面呈十字形的小建筑，矗立在略为宽广的石台上。（参见 242 页，图 185）水云榭顶部大面积的涂漆闪闪发光，像阳光下镀金的羽翼，但柱身的红漆和梁上的装饰纹样随着岁月的流逝，已经磨损、淡化。曾经连接陆地与水榭平台的桥也早已腐朽。现在，唯一到访这座独立建筑的生物只有银灰色的苍鹭，它们单腿立在石台边缘，一动不动，陷入沉思当中。毋庸置疑，从前皇帝也曾在这里静思，也许他们思考的主要是那些大问题，如生命的本源、自然取之不尽的自我更新的力量，以道家语言表述于亭中的碑文：太液秋风。

在熟谙道家哲学的皇帝的脑海中，究竟想到了怎样的图景而用这几个字来表达心中所感，似乎还存有疑问。但无论如何，它们象征着中国人与自然的亲近，代表万事万物的起源（太液）；在这片艺术与自然达到完美统一的土地上，似乎这些文字的含义也得到了进一步扩展。当水榭周围的古柳舞起枝条，水中的倒影优雅地晃动，流淌出来的不仅仅是语言，还有音乐——构成一首光音悦动的赞美诗。中海的这片区域传统上被称为"燕京八景"之一。（参见 238 页，图 179）

如今，三海中最广为人知、最受欢迎的可能是北海。近 20 年来，这里向公众开放，收取适度的入园费，因此具有了部分公共园林的特征。越来越多旧时的避暑别院和亭阁殿宇被改为茶馆和餐厅，对于保存这些建筑的原貌毫无益处。

之前提到过，连接北海和中海的河道上横跨着一座大理石长桥，它的名字——金鳌玉蝀桥——可使人产生漫步于仙境的感觉。（参见 230 页，图 168—图 169）桥的东端是我们已经讲过的团城。从这里可以看到有另一座石桥——蜈蚣桥——通向北面的白塔山和琼华岛。（参见 245 页，图 188）如果详尽地描绘这座岛上丰富多彩的自然风光，同时讲一讲点缀其中的所有建筑，需要一整章的篇幅。这里我们只对其中最美的部分进行描述。

从南边走近这座桥，首先映入眼帘的就是这座岛，岩石层峦叠嶂，上面有门、楼阁、殿宇和塔，这些都属于永安寺。（参见 243 页，图 186）借助宽阔的台阶，可以依次走近这些建筑。台阶可以稳固建筑，使其层层抬高，从而增强整体的庄重感。在山顶最高处，有一座高耸的白塔，因为它是印度风格的建筑，所以通常被称为"舍利塔"，像一个具有装饰性木塞、细长的瓶颈以及鼓胀的瓶腹的巨型瓶子。因为它位置突出，颜色洁白，四面八方都能看到，因此俗名白塔。

在西边斜坡的几株古树前，有一些小型的、带有些许圣洁色彩的殿堂，如悦心殿、庆霄楼，晴朗的冬日，乾隆皇帝在这里观看人们在冰封的湖上滑冰。继续沿着高高低低的路面向西，会路过几处掩映在灰白古树和瑰丽假山间的小建筑，其名字多多少少表达出所处的优雅环境及其浪漫特质——一房山、蟠青室、琳光殿，以及临近湖岸的甘露殿，这些小巧精致的建筑展现了著名的建筑类型。（参见 247 页，图 192）其名称以及在崎岖环境中的不同位置，赋予每座建筑与众不同的特点。

沿湖岸向北，会经过一座大型建筑，其木制匾额上的梵语仍然保留着，这就是阅古楼，又称三希堂。继续向前，就来到了分凉阁，这座亭子位于高台上，外形像座塔。这就是岛北岸两层长廊的最西端。（参见 245 页，图 189）这条长廊名为游廊，因为它是建在水上带有栏杆的石台上，使游人感到仿佛一直通向巨轮甲板。上面涂的温暖的大红色调在中国发展得近乎完美，与横梁和廊顶上的蓝色、绿色、白色以及金色相得益彰，与灰蓝色的湖面形成鲜明对比，为其后的岛屿提供了雄浑壮丽的背景。（参见 246 页，图 190）这座建筑极为喜庆，而且能充分发挥其连接开放水面和背后山坡的功能。但自从这光彩夺目、色彩绚丽的大厅向公众开放，提供平淡乏味的茶水之后，其壮丽效果就大打折扣了。

游廊同时也连接了其后的建筑。其中最著名的是远帆阁和碧照楼，台阶从这里向下，通往突起的码头。这些楼阁背后有一个名为湖听风月的小戏台，立于水上以增加气氛。游廊东端的楼阁名为倚晴楼，与上文提到的游廊西端的分凉阁遥相呼应。（参见 244 页，图 187）

在北坡，我们前面已经讲过的部分后面，有几处别致的小亭阁、古迹以及匾额题词。其中最大的一处名为漪澜堂，距离湖岸特别近，以至于水面波涛声都能听得一清二楚。（参见 248 页，图 193）在更高处，堆叠的假山石洞之间，会无意中发现一座小亭子，其表面向内弯曲，叫作延南薰亭。还有两座更小的开放式亭子，分别是小昆邱亭和见春亭。（参见 249—250 页，图 194—图 195）前者是指几乎成为传说的昆仑山，后者意思是沉醉在美妙的春日里。然而，这个区域中最梦幻别致的部分并非建筑本身，而是那些假山石洞，以及稀奇的古物承露盘。它包括一个雕饰着飞龙与祥云的石柱，作为一座"神仙"雕像的支撑基座，它将一个巨大的青铜碗双手举过头顶。（参见 251 页，图 196）这处古迹的灵感明显来源于汉武帝，他让仆人整夜站在门外，将碗举过头顶以收集天上的甘露，天子饮用以求得长生不老。乾隆皇帝根本不支持道家思想，也不相信长生不老药，但他还是选择了这座雕塑来暗指汉代以来的道教传统，从而加强公园的氛围。

另一个伫立在这里（东边更远的地方）的古迹是乾隆皇帝立的传统形式的高大石碑。它放置在栏杆围绕的平台上，可通过一段土台阶走上去。台阶前有两个雕刻石龙的巨大石缸，里面的水"永远不会干也不会满溢"。（参见 252 页，图 197）碑的正面雕凿了四个大字：琼岛春阴。石碑两侧的文字与皇帝到访相关，碑的背面是关于艮岳的颂词，宋代"艮岳移来石崀峨，千秋遗迹感怀多。倚岩松翠龙鳞蔚，入牖篁新凤尾娑"。如果这些记录属实，说明有关这些巨大而复杂的山石的工作早在宋代就已经开始了，并赋予其极尽梦幻的自然风光。①这片土地如画的设计方式，及其鲜明的光影对比，为后来依据传统原则用亭廊、平台、树木构建艺术作品奠定了基础。

离开琼华岛之前（顺便说一下，这座岛足以研究多日），我们暂时将流连于游廊的目

①刘易斯·查尔斯·阿灵顿：《古都旧景》，第 87 页。因为我无法做到准确翻译。但应记住的是，艮岳是宋徽宗在汴梁（今河南开封）建造的著名宫苑。

光向北转至北海彼岸。那里有五座开放式的重檐楼阁，矗立在探入湖中的石台上。当你欣赏黄蓝琉璃屋顶下红色梁柱在湖上的倒影时，仿佛看到这些楼阁张开了羽翼一样的屋顶，在水上盘旋。光与影消融了实际的轮廓，留下一个如同印象派绘画般晃动的影像。（参见 247 页，图 191）而且，其名字"五龙亭"表明，这座建筑不仅是一排开敞的亭子，其弯曲的线条，通过突出于水面的位置得以强化，呈现出一条游龙的形态。即便如此，还是要发挥想象才能在水中晃动的倒影中看出龙的轮廓。

湖岸以外有一些大型宗教建筑，其中部分始建于康熙年间，我们将略过不提。然而，寺庙东边这片人迹罕至的地方却不能漏掉，这里是静心斋。直到最近，这个地方才向公众开放，因此比北海的其他地方保留得更为完好。（参见 253 页，图 198）这里还有一些洛可可式的矫揉过饰的遗迹，明显是老太后住过的地方。装饰环境几乎完好无损，建筑与植物也保存良好，只是池塘中及原本流经假山亭台间的水已经干涸了。生命的脉搏已经停止，但外形尚未衰败消亡。

在这里，"老佛爷"可以脱下她作为主宰者的正式礼服，全身心地投入到自己最爱的书法和绘画中，但她在这方面并未取得多大成就。这里有沁泉廊、枕峦廊、叠翠楼，还有其他几座充满诗意的亭阁和两层的小楼，用于举办各式各样的艺术活动。这些建筑依山就势而建，中空而凹凸的石块散布于青藤遍布的地上，自然就会给人留下生动别致、景美如画的印象。（参见 147 页，图 30）似乎是为了在这里营造崎岖自然的山景，山顶上随处可见具有亮丽宽阔屋顶的精巧建筑，山脚下是蜿蜒曲折的流水，上面横跨一座石桥和一座竹枝做的步行桥。（参见 253 页，图 199）总而言之，这里包括了很多自古以来就在中式园林中存在的元素，并以冷静的艺术眼光，实现这些元素的相互平衡，以达到整体效果。无论从艺术还是历史的角度看，都是极有趣味的。

沿北海北岸向东行走（回到南边入口处），在东北角会路过一片很大的围墙环绕的地方，这就是蚕坛。这里有两个宽阔的平台，位于古老的桑树树荫下。还有一些带有祭祀色彩的建筑，这些都是为了祭奠养蚕始祖嫘祖，她是轩辕帝的妻子，据说生活在公元前 2600 年左右。（参见 254 页，图 200—图 201）虽然没有史料证明丝绸早在这时就已在中国起源，但中国人的确一直将养蚕缫丝作为古老的全国性的家庭工业，作为农业的补充。因此，皇后要在农历三月（即阳历 5 月）一个吉日中，举办一年一度的蚕神祭祀庆典，就像同一季节皇帝在先农坛进行祭祀一样。祭祀在亲蚕殿举行，这里供奉着嫘祖的牌位。当这个仪式按照远古礼制举行完毕，皇后在身着华丽丝袍的宫女的伴随下走向采桑台。皇后与公主们拿着篮子，按照等级采摘一定数量的桑叶。北京皇宫中的仪式感达到了艺术的顶峰。如果我们相信现在的线索，那么先蚕坛的仪式就是北京皇宫中举办的最庄重典雅的活动之一。皇后本人乐于保持传统，她曾经命令宫女日夜观察桑蚕的活动，保证它们不会缺少桑叶吃。

　　祭祀台和仪式的乐队演奏台这两个平台由于近半个世纪都没有用过，现在已是杂草丛生。亲蚕殿前的池塘是曾经用来清洗蚕茧的地方，现在也早已干涸。但建筑和周边树木得到了特殊照料，因此相对来说保存良好。时至今日，这里仍然给人一种祭祀圣林的感觉。那些古老的桑树像圣殿外的守卫，尽管比昔日矮小。在桑树深色的叶子间隙，可以瞥见红色基调的建筑和熠熠生辉的蓝色殿顶，似乎反射出曾经在这里发生的丰富多彩的仪式。

　　关于"三海"周边的园林和建筑，可以写的还有很多，但省略掉也算不上重大损失。因为没有任何描述——无论多么完整，任何建筑古迹都无以表达这片土地上，什么是最重要的、最使人着迷并在脑海中留下深刻印象。这不单纯取决于单个元素，而更在于整体，在于精心布局与自然环境的协调，在于氛围自身——令人想起过往，现在都归于平静，那些在岁月演替中展开的悲惨命运和灿烂仪式，都被时间平复，消逝于世界的阴影中，在那里一切都达成和解。

　　那些有权沿中海和北海岸边静静散步的人，在初夏阳光明媚的日子里，一定会有这样的回忆——平滑如镜的水面，展露新芽的树木，浮光与花香无形的震颤。无论何时回想起来，这些场景都会重新在脑海中浮现。几百年来这里展现了无数美景，当目光被水边平静的柳枝垂帘与摇摆的芦苇之间开阔的景象所迷住，回忆中的景色就会发生变化。远处的湖对岸，银灰色的苍鹭滑过浅水；晴空中，鸽尾木管发出悦耳的哨音。一个小小的平底船在浅水处划过——慢慢地，慢慢地，仿佛和着这片静默之所记忆流逝的绵延而冗长的节奏。如今在这里，梦境比我们周围乏味的现实更加真实。

第九章

圆明园

对于杰出的清朝皇帝康熙与乾隆而言,北京的三海已然不能满足皇室避暑宫苑的需求,他们在北京附近的西山脚下,甚至蒙古边境附近的热河,都建造了规模更大的宫殿和园林。列举如下(按照自东向西的方位顺序):畅春园、圆明园、万寿山、玉泉山、香山。其中,玉泉山和香山(又称狩猎场或鹿园)是建筑物分散的自然公园,部分地区可追溯至金代或明代,康熙皇帝对其进行了扩建与修缮;而其他三处则是带有华丽花园的广阔宫殿建筑。总体而言,它们都可以说是由康熙皇帝(1661—1722 年在位)建造的,乾隆皇帝(1735—1796 年在位)进行了扩建和修饰。这些园林显赫一时,但在 19 世纪迅速衰败。畅春园与圆明园都是以彻底毁灭为悲惨结局,而万寿山在 19 世纪 90 年代为慈禧太后所重修,它是至今唯一保存良好的皇家游乐园林,以"颐和园"的名义广为人知。

然而毫无疑问的是,这些园林无论从建筑还是园林史的角度看都极为重要,在中国和欧洲都声名远扬。其中更为重要的是早期夏宫畅春园和圆明园,"圆明"按雍正皇帝的解释是指优秀的君子。

畅春园是 18 世纪第一个十年中,在明朝一座著名园林的旧址上建成的。这是康熙最喜爱的住所,有许多在此招待、接见欧洲传教士与大使的记载,但据我所知,没有关于建筑及园林的描述。我们只知道,皇帝坚持尽最大财力支持这座园林的建造,支持其他遵他旨意的营造工程的开展。或许对于他庞大的家族而言,这是不可或缺的。康熙有 35 个儿子,其中 24 个长大成人。他在遗诏中说"子孙百五十余人",当然,女儿的数量更加庞大。1722 年,他结束了 61 年的执政生涯,去世时享年 68 岁,皇位由他第四子雍正继承。随后,畅春园成了皇太后的住所,在她死后,雍正将一个继位呼声更高的弟弟软禁于此。他选择圆明园作为自己的行宫,无论酷暑还是寒冬,都经常在这里居住。(参见 255 页,图 202)

圆明园在乾隆时期达到了艺术巅峰,但在此之前,它还没有那么奇伟秀丽,规模还不及后来的三分之一。1709 年,康熙将这里建成一位皇子的住所,在他去世之时,所谓的"远湖"周边已经建起了二十几座建筑。其中最主要的是一座宏伟的正殿,就坐落在正门内。与之相连的是一些小型楼阁,大部分建在小岛上,在远海上形成半圆弧线。稍远些是一组大型建筑,同样被湖水包围着。其中,值得一提的是皇家祖祠鸿慈永诘、藏书阁、汇芳书院、佛寺,还有几座小一点的建筑,都坐落在绿树遮蔽、假山装点的小岛上。北面最远处的山脚下有一处稻田,皇帝可以从楼阁中观察到耕地、播种、收获等农业活动。稻田旁边有一座名为西峰秀色的楼阁,此名源于在这里有欣赏日薄西山的最佳视角。其后的园子里有二十几株玉兰树,每逢花开时节,这里就是"芬芳的王国",雍正皇帝特别喜欢待在此处。

1744 年,乾隆皇帝在距此不远处新建了一座藏书楼,名为文渊阁。这里原本打算存放四库全书的抄本一部（其余三部分别储存在紫禁城、盛京、热河），这套规模宏大的丛书中蕴含了中国文学中所有有价值的内容，分成经、史、子、集四类。文渊阁覆盖琉璃瓦，周边环绕着水流形状的石块。其中最大的一块有四五米高，立于阁前水塘中。据皇帝的铭文记载，传统文学就像水流源头，千百年来，所有后代文学都由此流向不同的河道。

直到 1735 年乾隆皇帝登基，圆明园才逐渐步入辉煌。乾隆自小居住在圆明园，对其有深厚情感，与其延续先祖的简朴风格，他更想使圆明园愈加富丽堂皇。1737 年，乾隆主持对圆明园进行修缮，这也是一项艺术工程，因为任务交给了一些著名的宫廷画家，如唐岱、孙祜、沈源、郎世宁等。尽管一开始乾隆还有制造出简朴风格的想法，或许可以猜到，扩建工作也与此同时开展了起来。

乾隆即位数年后发布了一份文件，其中有很多相关声明。[1]例如："夫帝王临朝视政之暇，必有游观旷览之地，然得其宜，适以养性而陶情，失宜，适以玩物而丧志。宫室服御奇技玩好之念切，则亲贤纳谏勤政爱民之念疏矣……"然后他对父亲和祖父表示赞赏：他们住在远离尘嚣的简易建筑里就很满足了，"实天宝地灵之区，帝王豫游之地，无以踰此。后世子孙必不舍此而重费民力，以创建苑囿，斯则深契朕法皇考勤俭之心，以为心矣。"这段话意义深刻，不仅表明乾隆皇帝视圆明园为理想寝宫，还暗示了园林基本的道德意义，中国的园林爱好者们显然没有忽略这一点。

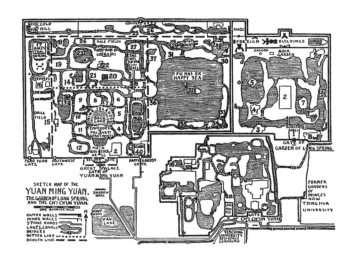

皇家夏季行宫总规划图：畅春园、圆明园、绮春园。刊出卡罗尔·布朗·马隆的《清朝皇家园林史》

1744 年，乾隆皇帝扩建修缮圆明园的计划基本完成，因为这一年，两位著名宫廷画家唐岱和沈源受命绘制了圆明园的主体图——圆明园《四十景图》，现藏于法国国家图书馆。可能同时，孙祜与沈源创作了同等数量的著名木版画，内容也是四十景，不过略有修改。[2]这些木版画原本是乾隆皇帝诗歌的配图，著名学者作注，还有雍正皇帝御制圆明园记、乾隆御制后记。从这些文字与绘画中，可以大致

①马隆：《清朝皇家园林史》，1934 年，第 64—65 页。
②斯德哥尔摩的卡尔·弗雷德里克·谢弗拥有一些版画，建筑师派帕有其中一些的复制品，本书附录一中有所收录，参见 255 页，图 203、图 204；256 页，图 207。

玉兰。
依据徐崇矩（11世纪）的画作而
绘制的木版画

了解圆明园中的主要建筑和园林。但对所有景致都进行详细描写，会占用太多篇幅，过于详细的描述会让我们误解，所以这里只简单介绍几处。

圆明园中到处都是水渠、弯曲的湖泊、曲折的河道，可以说所有建筑都是建在岛上或从陆地伸入水面处。从这里挖出的土堆成山丘和平台，上面建起小楼阁；同时在谷地修建花园，假山、岩洞与开花的树木相间。总体来看，圆明园是由一系列相对独立的部分组合而成，非常适合分区域绘图，即便这些不同的部分没有像紫禁城等中国其他王室住宅一样由墙隔开。园林的每个组成部分都有连续的、如画般的风景，同时又确实被分隔开来：不同岛屿上的建筑分布相对孤立，包括皇室大家族中的各个家庭成员（众多妻妾、儿女以及孙子孙女）、寺庙、藏书楼、戏院、殿堂，以及其他用于礼仪的建筑、储物间、书房、浴池等。当然，每座建筑都有一个独特的名字，比如牡丹台、天然图画、杏花春馆。

福海是圆明园中最大的湖泊，位于较早的建筑以东，每边大约有 700 米长。湖中有三座小岛，即蓬岛瑶台，只能坐船抵达。（参见 256 页，图 208—图 209）福海北面，地面被小湖和水道划开，从这里可以看到一些华丽的建筑，其中最华美的就是方壶胜境。它的前部建在水中的大理石平台上。（参见 255 页，图 204；256 页，图 207）其后是精美的大门，里面有六座两层重檐大亭。梁柱像往常一样是深红色，上有绿色、白色、蓝色的装饰，在白色大理石及如镜水面上显得十分突出，屋顶的瓦片金光闪闪。现在看来，那是来自仙境的梦中宫殿，而不是地球上的建筑。沿着湖岸或者岛屿，有几处以美丽的山丘、蜿蜒的流水和桥为主要元素构成的美景，其中包括别有洞天、水木明瑟。（参见 255 页，图 203；257 页，图 210）

以殿堂为主的部分更有皇宫建筑的特点，其他部分的建筑则被绿树环绕，因此，自然景致更胜一筹，这一点从前面提到的绘画作品中可以看出。这些画中尤其令人印象深刻的是岩石和假山。它们千奇百怪，其中一些线条笔直，构成平台，或有塔状的轮廓；另一些则屈曲中空，像史前巨兽的半边头盖骨。（参见 255 页，图 202）曲院风荷特别具有田园气息。（参见 257 页，图 213）其设计及命名源自杭州西湖岸边的一个小酒馆，从图中看，它位于一片宽阔的水湾岸边，一道长长的拱桥横跨其上，岸上山树相间，湖面夏季荷花遍布。更北处有一个小镇，街道两边高墙上有一扇门，上面写着"舍卫城"，指佛教历史上的一座印度小城。（参见 257 页，图 211）其中有小寺庙、衙门，但更重要的部分是主街道旁的商铺，为皇帝提供机会以了解百姓的日常生活，这在首都中难以实现。这场景显然已经非常真实了，需要的时候，由太监和侍从扮演，从后文王致诚的描述中可以看出。

东面和东南面与圆明园相连的部分一般也属于圆明园。关于南面的绮春园，我们只知道它是在乾隆后期建立的，除此之外一无所知。但东面的长春园有一些历史资料流传下来。长春园与畅春园[①]在读音上很相近，但不能混为一谈，畅春园在圆明园南面更远处。康熙皇帝喜欢住在畅春园。而长春园建于 1745 年，整体是按照圆明园的经营布置来修建的。其建筑包括皇帝的私人住所、国家的大殿和谒见厅，都位于绿水环绕的小岛上，水至少占据了整个园林的三分之二。湖岸上还有一些小型田园建筑，间有亭阁和假山。这可能是当时中国园林艺术的最高成果，特征明显，至少其中一部分是仿照长江以南的著名园林而设计的，如浙江的狮子林和南京的如园。其中三分之一的园林都与南部园林相关，皇帝游览时说，他似乎走了很远，仿佛身处南京王家的花园中。长春园中，湖的北岸也有极其漂亮的花园，还有一座覆有琉璃瓦的八角塔。

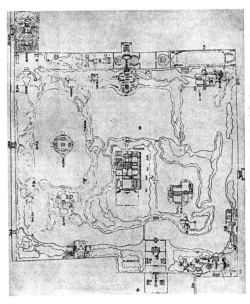

长春园的平面图，后被并入圆明园。园北部有西洋楼

圆明园中的一景：曲院风荷。乔治·路易·勒鲁热依据一幅中国版画而绘制的版画

①这两个名字中"长"和"畅"的汉字不同，因此有不同的意思。

乾隆皇帝显然希望尽可能将长春园（他退位后住在此处）改造成圆明园中最华美的部分。以此为目的，在法国和意大利耶稣会士的帮助下，他在长春园北部建了一些欧洲巴洛克风格的宫殿，这一点稍后再讲，现在先引用圆明园全盛时期的一位当代欧洲观察家的评价。这个评价出现在 1743 年法国耶稣会传教士王致诚从北京写给巴黎的达索先生的信中，自出版于《耶稣会士书信集》第二十七卷（1749 年版），这封信成为欧洲了解中国园林的最佳途径之一。王致诚、郎世宁及另外一两位才华横溢的耶稣会士，有幸在北京紫禁城和圆明园里作画很多年。因此，他的描述是基于自己的观察，但也没有吝啬自己的想象力和文采。

他先介绍了紫禁城，在描述了其宏大规模和井然秩序后，他说：

皇帝的别宫非常妩媚迷人。它占地面积非常广阔，几座人工堆起的小山有 20 法尺至 60 法尺高，形成无边无际的小山谷。几条水渠中的清澈的水向小山谷的深处流去，这几条水渠有好几个汇合处，形成一些池塘湖泊。人们乘着美丽的游船在这些水渠、池塘、湖泊中荡漾……

在每一个小峡谷，在水渠边，有一些错落有致的建筑群，其中有好几个四合院，有院子，有四通八达或者封闭的走廊，有花园，有花坛，有瀑布，等等。一眼望去，真是美丽如画。沿着山中小径走出一个小山谷，山中的小径不是欧洲那种美丽笔直的小道，而是逶迤曲折盘山而行的小道，还不时有小亭子、小山洞作点缀，从山洞里走出来又进入了与前一个完全不同的小山谷，有时候是地形不同，有时候是亭楼建筑不同。所有的山丘都被树木覆盖。这里最常见的是开花的树。真是一个人间天堂。我们国内的水渠两壁是用切削过的石头，借助拉线砌成，他们是用不经切削的岩石块堆砌而成，表面凹凸不平。它们放置得那么巧妙，真像是天然的产物。水渠时宽时窄，有时卷曲，有时又呈弧形，好像它真的是由山丘岩石的走势而定。从水渠壁上的石头缝中生长出朵朵鲜花，好像是野生的。每个季节都有各种不同的花朵。除了水渠，到处都有路，尤其是镶有石子边的小径，这些小径从一个山谷通到另一个山谷。这些小径也是曲曲折折，一会儿在水渠旁边，一会儿又远离水渠伸向他方。

走进山谷，可以看到一座座房子。房子正面是一根根柱子和窗户，屋架上镀了金，上了油漆，围墙上的灰砖排列整齐，上了光，屋顶上的琉璃瓦有红色的、黄色的、蓝色的、紫色的。这些琉璃瓦组合在一起五彩缤纷，煞是好看。这些房子几乎都是平房，它们高出地面 2 法尺、4 法尺、6 法尺或 8 法尺。有几幢房子有二层楼。上楼并不是通过精工细作的石阶，而是通过似乎天然而成的岩石一级级登上楼的。这些仙境似的宫殿真是无与伦比。这些宫殿矗立在空地中间的一座假山上。假山上的小路高低不平，弯弯曲曲……（房屋内有珍贵的铜的或瓷的花瓶、香炉、动物雕像等。）

每一个小山谷里都有别具特色、小巧玲珑的小别墅，围墙占地面积都很大，小别墅富丽堂皇，我们欧洲最大的君主及其整个宫廷人马完全可以住下。好几幢小别墅是松木结构，木料是从 500 法里以外的地方砍下运来的。您想想，在这块广阔的地方的一个个小山谷中有多少这样的宫殿？有 200 多个，太监住的房子还不计在内。太监们负责看管每一座宫殿，他们的住房总是在近旁，与宫殿相距几个土瓦兹（1 土瓦兹 =1.949 米）。太监们的住房很简陋，经常被墙根和山丘淹没。

　　水渠上有一座座桥，方便两岸的交通。一般是砖桥，或切削过的石板桥，有几座木桥，所有桥的高度都足以使船只在桥下自由通过。桥栏杆都是精工雕刻的白色大理石浮雕。根据各座桥的建筑不同，栏杆上的浮雕也各有不同。不要以为这些桥都是笔直的。它们曲曲折折，有些桥的直线长度只有三四十法尺，而全长却有一二百法尺。有时候在桥中央，有时候在桥头，建有一些供休憩的小亭，小亭有四根、八根或十六根柱子。这些小亭往往建在桥上最适宜观景的地方，也有建在拱形的木桥或大理石桥的两头的。桥的结构非常美，但是和我们欧洲人的概念相距无限远。

　　我上文说过，水渠都注入盆地的湖泊之中，注入所谓的海中。有一个湖直径有半法里，人们都称它为海，这是这个别宫中最美的地方之一。[①]湖边隔一段距离就有一个大建筑群，人造的假山、水渠夹在这些楼宇中间。

　　在海中央有一个小岛，或者说一块高低不平、不经斧凿的岩石，高出水面一土瓦兹左右。[②]岩石上建造了一座小小的宫殿，内有 100 多个房间或厅堂。它有四扇门，我无法形容它的高雅优美。从这座宫殿看到的景色美极了，可以看到这个湖的四周彼此相隔不远的一座座宫殿。所有的山丘都延伸到此为止。所有的水渠也流到此，然后注入湖中或又从湖中流向他处。从这里可以看到矗立在湖泊尽头或水渠入口的所有的桥梁，看到所有的亭子或桥洞，看到所有把一个个建筑群隔开的或遮掩住的树丛，这些树丛挡住了人们站在同一边互相遥望的视线。

　　这个美丽的可爱的湖的四周变化无穷，没有两处地方是相像的。这里是齐整的石板平台，走廊、小路、大路都汇聚在此，那里是高低不平的石子平台，以巧夺天工的技巧修成一些阶梯形的平台。从每一个角度都有一个直到山顶上的楼宇。越过那些平台，还有其他阶梯形平台和建筑群。别处还有一座开花的树林展现在您的眼前，再远一点，可以看到空无人迹的山上郁郁葱葱的野生树丛。那里有高大的用材林，也有外国树种、花树、果树。

　　在这个湖的四周有许多亭台楼阁。一半在湖中，一半在陆地上，各种各样的水鸟在亭楼上憩息。在陆地，有一个个小猎场。特别值得一看的是一种金鱼。大部分金鱼的颜色像黄金

---

①可能指前面提过的福海。
②这就是福海中的蓬岛瑶台。中间的岛与其他两座小岛由桥连接。这些岛上的装饰亭阁依据李思训画的仙山楼阁而设计布置。参见 256 页，图 208—图 209。

一样熠熠发光，五颜六色，有银色、红色、绿色、紫色、黑色、亚麻色。花园有几个水池，最重要的就是金鱼池了。这个池子四周有一个很细密的铜丝编成的网，以防止金鱼流失到湖中。

我很想把您带到那里去让您更好地体会那个美丽的地方。金碧辉煌的船只在湖面上荡漾、垂钓、操练、比武或进行其他的比赛，煞是好看。尤其放烟火的夜晚，所有的宫殿、楼宇、树林灯火通明。对于灯火和烟火，中国人把我们远远甩在后面了。我在北京看到的远远超过了我在意大利和法国看到的一切……

一进宫门，是议政厅。随后是庭院和花园，后面是皇帝平时住的寝宫。一条又深又宽的河，把皇帝的寝宫圈围起来，就像一个小岛。我们可以把它称作土耳其式的后宫。宫室内美丽的陈设、家具和中国绘画无与伦比。家具的木料都是极其珍贵的，上面涂的是日本和中国的漆，古董瓷瓶、丝绸帐幔、金银织物，能使富贵生辉的一切情趣应有尽有。

有一条路，从皇帝的寝宫直通这块地方——中央的一个小城。小城方圆2.5法里。它的护城河上有四个城门，有城楼、城墙、城栏、炮眼。城里有街巷、广场、庙宇、室内市场、露天市场、商店、法庭、宫殿、码头。总之，京城里有的这里都有微缩的翻版。您一定会问，这么小的城市作什么用途，是否是皇帝在发生造反或革命不测之时避祸之用？它可能有这种用途，这个小城的设计者可能考虑到这个用途，但是皇帝主要的意图还是想要在兴致勃发时一览全城无遗。（下面王致诚描述了在这个模拟现实的小镇中，太监们是怎样扮演各种角色的：有的扮演商人，还有的扮演工匠、士兵、官员、搬运工、挎着篮子或推着手推车的人，等等。船停入港口，卸下货物，店铺商品琳琅满目，卖家大声吆喝。跟真的集市上一样，还有人在吵嘴、打架。）小城里，扒手们也没有被遗忘。这个"崇高"的职业由许多最机灵的太监担任，他们扮演得惟妙惟肖。他们被当场抓住时出足洋相。他们受到审判，或者假装被送交审判，根据罪行轻重、偷盗数量判罚示众、杖责或充军流放。如果他们偷盗技巧高明，大家为他们鼓掌叫好，可怜的商人的诉状倒反被驳回。不过，集市收场时一切都物归原主。这个集市只是为了给皇帝、皇后和其他妃嫔取乐的。有时也有几个亲王或大官一起来观看，有他们在场，后妃们就都要退下。店铺里陈列或出售的货物绝大部分都是属于北京各商号的，是假装的。皇帝总是买许多东西。您可想而知，卖给皇帝的价钱是最贵不过的了。后妃们、太监们也买东西，所以尽管这并不是真做生意，倒也不乏热闹气息，使人兴趣盎然。

此后，王致诚简洁地描述了中国正月十五的元宵节。在这个节日里，即使最穷的人家也要点亮灯笼，整个国家都灯火辉煌，但其他地方的庆典都不会比皇家花园中的更漂亮。不仅建筑上挂满灯笼，连水渠和湖泊都被漂在水上的船形小灯笼照亮。还有一些灯笼挂在桥上、山上、树上。这些灯笼都特别精致，由丝绸、角、玻璃、贝壳及其他珍贵材料制成。

我看到过几盏价值都超过 1000 埃居①的宫灯。如果我一一列举所有灯笼的形状、材料和装饰，那将卷帙浩繁。我很欣赏中国人在这方面及他们在建筑上表现出来的丰富想象力，相比之下，我真觉得我们在这方面太贫乏了。

因此，眼睛看惯了他们自己的建筑的中国人对我们的建筑方式就不甚感兴趣了。您愿意知道当我们向他们谈起我们的建筑或者给他们欣赏我们的建筑物的铜版画时他们怎么说吗？高楼大厦使他们惊恐，在他们看来，我们的大街像是在高山中开掘出来的，我们的房子像是无边无际的凿了洞眼的岩石，就像是熊或其他野兽的洞穴。我们的楼层在他们看来简直难以忍受，他们不明白我们怎么能冒着摔断脖子的危险，每天上下 100 次到五层楼。康熙看到欧洲式建筑图时说："欧洲一定又小又穷，因为它没有足够的土地来发展城市，因此人们不得不住在半空中。"而我们的观念不同，我们有我们的道理。

然后，王致诚对欧洲建筑和中国建筑做了一些对比，尤其强调了前者讲究对称，在同一建筑的不同部位要严格一致。他说，北京皇宫也有这样的特点，但别宫与此不同，这里更讲究优美的不规则、不对称。

一切都围绕着如下原则：要呈现出天然的、粗野的、宁静的乡下景象，而不是循规蹈矩地按照对称的规则设计宫殿。皇帝的逍遥宫范围内的一座座小宫殿相隔甚远，我从未看到它们之间有任何相似之处……

不仅从整体看，别宫的方位、视野、布局广阔宏伟，建筑群的样式多姿多彩，而且从局部看，它各个组成部分也是千姿百态。我在那里看到过各式各样的门窗，有圆的、椭圆的、方的、各种多边形的，也有扇形、花形、瓶形，又有形如飞鸟、走兽、游鱼的，总之形状不一，有规则的，也有不规则的。

我想，这里的走廊也是独一无二的。我来给您描绘一下。这些走廊连接了分散的各排房屋，从走廊里看是一根根柱子；从走廊外看，墙上有一个个不同形状的窗口。有时候整条走廊没有墙壁，只有柱子，就像这种走廊尽头的亭子向四周敞开，可以呼吸新鲜空气。这种走廊很特别，几乎没有笔直的。它们曲曲折折，一会儿隐到树丛后面，一会儿又转到某座假山后面，有时候环绕一个小湖，真令人赏心悦目。这里的空气清新宜人……

往往在优美的山谷里或者在一个山头上，突然出现一座宫殿，其中之一叫圆明园，意即"园中之园"，或最好的园林。皇帝还有其他三座相似的园林。但是规模较小，也不如它美。其中有一座是康熙下旨建造的，现在是太后和她的随从的居所，叫长春园②，意即春天长驻。

①法国古货币。——译者注
②王致诚显然没有意识到，有两座园林分别叫"长春园"和"畅春园"，我们前面说过，第一个字读音相同，但汉字不同。康熙以前的住所（后来太后住在那里）是畅春园，位于圆明园以南；而圆明园东面紧挨着的是长春园。

亲王们和大臣们的园子都比较小，皇上的园子都比较大。

我为什么要不厌其烦地描绘这些园子呢？最好能画一张平面图寄给您，可是先生，那我得什么都不干至少花上三年时间，我没有一点属于我自己的时间了，只有利用睡觉的时间来给您写信。我还得请求允许我自由出入别宫，允许我随意停留。还好我懂得一点绘画，否则，我就和其他许多欧洲人一样，他们在这里待了二三十年，还没有到过那里呢……

这里的欧洲人中只有画家和钟表匠能够到处走走，因为需要他们。我们经常作画的地方是我向您介绍过的那些小宫殿之一。皇上几乎每天都要到那里来看我们，因此我们也得每天都到。我们都不能走远，除非要画的东西不能搬来，因为我们被带入宫中时总是有很多太监跟着的。我们走路必须又快又轻，要踮着脚尖走，好像干什么坏事似的。我就是这样走遍了这座美丽的园子，进入了每一间屋子。皇上每年在那里住十个月。那里到北京的距离和凡尔赛到巴黎差不多。我们每天都在园子里，皇帝供我们吃饭。晚上我们就回到我们在附近镇上的住处，我们在镇上买了一幢房子。皇上回京城时，我们也跟着回去，因此我们每天总在宫中，晚上回我们的教堂。[①]

王致诚对圆明园的描述，是有关中国皇家园林现存的最有价值的欧洲文献，成为所有对东方园林艺术感兴趣的人的重要资料来源。毋庸置疑，这些资料传遍了欧洲，不仅在法国得到了极高赞赏，英国和其他国家也都争相欣赏。除此之外，圆明园的主体部分之所以闻名于世还依赖于前面提到的40幅木版画，它们也传到了欧洲，并记录于乔治·路易·勒鲁热的著名作品《中式花园手册》，又名《英中式花园》。

乾隆皇帝命人作欧式巴洛克建筑，及前面提到的18世纪中叶后在长春园北侧迅速建起的园林，并绘制了与之相关的版画作品，欧洲有关圆明园相关部分的知识进一步增加。乾隆或许想通过这些建筑表明，圆明园与欧洲最著名的贵族建筑不相上下，而且更为宏伟壮丽、丰富多姿。他可能是从郎世宁的画中了解了西方宫殿和花园，这激起了他的好奇心，他想在自己的花园中看到相似的喷泉、漂亮的洛可可及晚期巴洛克建筑。郎世宁熟知建筑和绘画能提供所需信息，按照皇帝的意愿画出设计图。另外一个欧洲传教士蒋友仁，精通数学和水力学，设计出了喷泉所需的机械装置。如此，郎世宁和蒋友仁合作完成了圆明园中的"中国凡尔赛宫"。

现在，这里和圆明园的其他地方一样，几乎所剩无几，它被彻底毁灭了。但由于这里的建筑是用砖石建造的，不像中式亭阁是木制的，所以更能抵挡火灾及其他破坏。1860年，这里只是局部被摧毁，而其他地方都被夷为平地。几十年后，甚至还有计划进行恢复，但所需经费却迟迟不能到位。于是，废墟继续衰败，当本地人得知，众多用于装饰的

---

①可能在海淀。即中南海湖畔的蚕池口教堂，1887年迁建至西什库。——译者注

大理石不仅可以用于烧石灰，还可以卖给北京的古董商时，这里就被加速破坏了。但直到 1922 年，我第一次到这里时，还能看到很多西洋楼的遗迹，我用照片记录了下来。将这些遗迹与古老的版画相对比，就可以认出以前的样子，还可以想象出缺失的部分。因为这些奇特的建筑对于我们的专业研究而言没有多大益处，所以这里只举一些例子，简要了解一下这些建筑的风格。[①]（下列数字依据版画）

1. 谐奇趣。这是版画系列中的第一栋建筑，1922 年留存的只有平台和台阶。然而，两幅木版画分别展现了其南面和北面。从三层高的中间部分的南面，伸出两个弧形建筑，一直伸到栏杆围绕的水池。其尽头是两层高的多边形宫殿。这座建筑的主体部分安着漂亮的壁柱和大大的窗户，其间还有装饰板。宽阔的台阶从带有池塘的院子里盘旋而上，直到二层楼，殿顶周围饰有栏杆。这座建筑是巴洛克风格，在 17 世纪末 18 世纪初的欧洲大陆非常普遍。

7. 养雀笼。这是一座很小的建筑，像亭子一样的中间部分有一个带有石龛和壁柱的曲面，柱顶有明显突出的浮雕。其上有一个栏杆，杆顶是装饰性的圆锥。水从两个石龛流到院子里的水道中。宫殿四周都是漂亮的花坛和整齐的树木。这种建筑类型是巴洛克风格的分支，在很多城市流行，比如都灵和热那亚的教堂。（参见 257—258 页，图 214—图 215）

8. 方外观。这是一座两层楼高的小观景楼。底层门廊上方有一个阳台。背面是盘旋上升的大台阶。底层的壁柱和椭圆形的窗，都是典型的巴洛克风格建筑元素。道路两旁弯曲的栏杆同样如此。（参见 258—259 页，图 216—图 217）

10. 海晏堂。其中有最大、最重要的抽水设施之一，可以看到其四个不同的面。正面向西，像宫殿一样，二层有大大的假窗和庄严的入口，从两边长长的、弯曲的坡道都可以上去，其栏杆上有瓮状雕像。建筑前面是一个很大的水池，水从一个巨大的贝壳中流入，贝壳的两个侧面各坐着六尊兽首雕像。它们代表从白天到夜晚的 12 个卫士，每隔两小时，负责值守的那个动物就会喷出一股水流。水还从坡道栏杆的 50 个小孔中喷出，最终汇入 3 个水塘中。显然水在这里得到了最大程度的利用，以象征财源滚滚，制造清新凉爽的感觉。这种机械装置非常精巧，蒋友仁神父过世后，这个装置出了问题，但是没有人会修。此后就由人力驱动了。

13. 海晏堂。其棱角分明的宽广外立面使人印象深刻。屋顶栏杆与竖向壁柱显得有些生硬，但一定程度上被夹层贝壳状的窗户和门上的花彩装饰所淡化。庭院同样被小路、喷泉与修剪过的树木整齐分割。

[①]更多材料请参见我最近的作品《北京皇城写真全图》中的图 206—图 216。

14. 远瀛观。这是另一个观景楼式的建筑，包括一个中心亭阁和伸出的侧翼建筑，有粗壮的壁柱和清晰的浮雕，门窗上饰有奢华的晚期巴洛克风格的石刻贝壳、旋涡和花环。浮雕繁琐复杂，工艺极其精妙。提出构思与监工建造的郎世宁，起初是一位画家，但显然，他对同时期的欧洲建筑也熟稔于心，或多或少受到洛可可风格的影响。总之，他是晚期巴洛克风格的大师，竭尽全力打破建筑定式，使光影更为多变，有时努力将中国人的品味引入这些建筑中，尽管它们的基础形制是西式的。

15. 大水法。这一壮观的喷水装置位于远瀛观下围墙环绕的平台上。中间部分是一个装饰性水池，水从中央巨大的石龛、四周贝壳状喷水塔及其他装饰中喷涌而出，汇入水池。这组宏大的背景性建筑底部是轮廓清晰的巨大双层雕花盘蜗，涌出的水与喷泉和谐相融。水池远处另有两座高大的喷水塔，塔尖射出水流，形成薄雾降下。装饰花坛，将平台分为两部分。

16. 在这些喷泉的对面，有一座弧形的墙，由壁柱分成五部分，刻有花纹浮雕。其前高地上立有皇室宝座，显然为观赏华丽壮观的大喷泉及所有精巧的小喷泉提供了最佳场地。这就是观水法。

尽管变化多端，但是圆明园里的西洋楼呈现出统一的建筑风格。正如前文所言，它们与中国园林中盛行的如画美景并非毫无关联，但建筑本身没有为适应环境而做出改变。耶稣会艺术家的任务是尽可能地展现西洋建筑富丽堂皇的风貌。正是出于这个目的，借助于由绘画和模型构成的侧景，狭窄地面的远处可以看到假的欧洲街景。对西方艺术中假的布景效果十分感兴趣的中国皇帝，对这一特征高度赞扬。

这些建筑内部也尽可能地按照西方品味进行布置，室内填满了欧洲君主送给乾隆的各式各样的艺术品和珍奇玩意儿：戈布兰挂毯、镜子、法国与威尼斯玻璃器皿（其中一些被拆下来用于窗户上）、机械玩具、摆钟、液压机。传教士蒋友仁经常被传唤到宫中，为好奇的皇帝展示这些机械仪器。根据他在信件中的描述，有时皇帝会与他这个耶稣神父讨论哲学，场面显得很奇怪。

值得一提的是（依据晁俊秀 1786 年从北京写给德拉特先生的信），在蒋友仁神父去世后，中国人不会维护这些机械仪器："水面宫殿中之喷水机关，业已败坏，或久已弃之不用，人皆不思修理之。且华人除强迫而外，不予弃其旧习，故迅即恢复旧时之习惯，利用手臂之力，作一切工作矣。一俟探知清帝何时，必于此欧式建筑之区域散步游览，一两日前，即雇用若许人工，担任负水，使此水面宫殿之巨池中，充满水量，清帝所经之路程中，清水潺潺流动矣。"

这段文字不仅揭示了中国人看待事物及做事的方式，也反映出法国和意大利耶稣会的艺术及科学贡献相对短暂。欧洲人借助远景制造错觉，借助机械装置对抗自然，令中国人深深着迷，但他们仅仅将其视为消遣，而不是自然普遍规律作用的结果。当这些神秘的发明者销声匿迹后，便无人能使这些机械仪器保持运转。

只要乾隆皇帝生活并掌管着圆明园，游乐宫苑与众多建筑便能得到修缮；但皇帝去世后，这里便日渐荒芜。正是在这里，乾隆皇帝（1793年，即退位的三年前）接见了第一位英国大使马戛尔尼伯爵。小斯当东与约翰·巴罗记录了当时的场景。约翰·巴罗是马戛尔尼的私人秘书，也是留在圆明园时间最长的人——其间大使本人去过热河——尽管是在皇帝的监督下。巴罗显然是一位饱读诗书、对艺术充满兴趣的人，他研读了威廉·钱伯斯的著作，为行程做了充分准备。他来时抱着很高的期望，但来到圆明园准许他进入的部分后，却有些失望。以下摘自他的记录：

> 我们住所附近的地貌，就像这个国家的自然地貌一样，分为山丘与低谷，点缀着树林与草地，或许可以跟里士满公园相提并论，但是比它多出无数的沟渠、河流与大片水域。其堤岸尽管出于人工之手，但不做整齐划一的修筑，也没有如城堡的缓冲地带一样的斜坡，而是花了极大的人力与物力使其呈现一种不规则的、仿佛浑然天成的样子，以表现造化的鬼斧神工。你可以看到巨大的石岬深入池塘，溪谷渐渐隐退，有的林木繁茂，有的花草丛生。某些特定的地点建有娱乐厅，或曰休息室、静室，周围景观显然都是精心设计的。树木的安排不但根据其形体大小，也根据其叶片的色调，已构成一幅幅画面，其中有些可以称之为杰作。不过，要是单就我所见到的下一个结论，它们远远不像威廉·钱伯斯爵士所描绘的中国园林那样神奇与铺张。但是，它们绝对是精心构造之物，而且没有一件有违自然。①

如果当时能有更多来中国的欧洲游客，像约翰·巴罗一样保持冷静的判断，那么钱伯斯关于中国园林的精彩描述便不会流传如此广泛，取得如此巨大的影响。巴罗所说的并不与王致诚对圆明园的溢美之词相矛盾，但他是从另一个角度呈现的，提醒我们，这些游乐宫苑与优美建筑给人的印象，很大程度上依赖于观察者的立场与他的生活环境。这些得到了19世纪初以来的其他以批判为主的描述的证实。

这个壮丽宏伟的园林在长达一个半世纪里都占有重要的历史地位，其最后一幕出现在1860年10月。在通州突破中国人的抵抗之后，英法联军（意图迫使中国在对欧洲各国贸易政策方面做出让步）从两侧包抄北京，在圆明园会面，试图抓住皇帝。但此时惊恐的天子已经逃往热河。圆明园中只留下了少数老太监，他们在正门处的抵抗不堪一击。10月7日清晨，法国军队涌入大门，没过多久便开始放肆掠夺皇室住所与礼堂中的来自世界各地的珠宝和艺术品。指挥军队的蒙托邦将军试图制止，但士兵们的贪婪欲望已经被

---

① 约翰·巴罗：《中国之旅》，1806年，伦敦，第122—123页。

唤起，他也没办法重整秩序。法国与英国目击者对此的描述有若干种，但大体一致，尽管在划分责任与道德观念方面存在分歧。[①]他们情绪高涨、感情投入地讲述，尽管欧洲读者很难不感到一丝羞耻。也许在这里可以补充说，所有艺术品，包括贵金属、珍珠、玉器、漆器、瓷器、丝绸及其他贵重材料，只有一小部分流入了士兵的背包；这些珍宝大多被打碎或撕毁。英国大使额尔金伯爵估计，这些被损毁的珍宝价值大约是 20000 英镑，现如今可能要翻十倍。

　　10 月 9 日，士兵们带着战利品离开只受到微弱抵抗的北京。与中国人的谈判重新开始，此时中国人抓获的手持休战旗帜的军官等人有一半已经死了，其余的被酷刑折磨得奄奄一息。英国指挥官格兰特将军与额尔金伯爵发现这些俘虏被施以酷刑之后，他们决定进行报复，应该在中国留下深刻印象，作为长时间的警告。不幸的是，他们决定摧毁圆明园，因为这座行宫及其园林一直是皇室最爱的住所，也是部分俘虏被虐待的地方。他们派了一个英国兵团，10 月 18 日抵达圆明园，在进一步的掠夺后便放火烧毁了所有建筑。燃烧的宫苑冒出滚滚浓烟，像一块厚毯连续多日覆盖着北京城。但人数众多的中国人，无论当时还是日后，都不太明白这一残忍破坏文物的行为的真正原因。这只给他们留下了洋鬼子野蛮残暴的印象。

　　人们找了很多借口对这一惩罚性的远征进行辩解，但随着时间推移，事件越来越清晰，原因也越来越明显：这是肆无忌惮的报复行为。源于政治观点的短视，导致无法复制的艺术珍品与珍贵的藏书阁被损毁。火灾不仅仅摧毁了圆明园，还蔓延到邻近的万寿山与玉泉山，许多康熙与乾隆年间的建筑化为废墟。

---

①参见格兰特和克诺里的《1860 年中国战争中的变故》、科迪尔的《1860 年中国远征》、史温侯的《记1860 年中国北方的战役》、瓦兰的《中国远征》、瓦尔朗的《八世额尔金伯爵詹姆斯的信件与旅程》、樊国梁的《北京》等。

第十章

颐和园与玉泉山

北京地区保存比较完好，因而能够展现这些建筑及其装饰原始特征的皇家园林只有一座，就是颐和园。颐和园被称为"新夏宫"，以区别于东北方向相距几公里之外的"旧夏宫"圆明园。颐和园也曾毁于上文提到的1860年的大火，但18世纪末19世纪初①在慈禧太后的命令下按原样得到重建。民国成立后，它被收归国有，从1914年起向公众开放，收入园费。园中很多建筑曾用作欧洲人的夏季居所，其余的被空置，偶尔进行维修以保持原状。从某种角度来看，其不同寻常的美和雄伟高大的外形很大程度上是因为，其中一部分是坐落在一个高地上，还有一个相当宽阔（周长大约6公里）的湖泊，在变幻的景致中形成了一个引人入胜的中心景观。

最精美的建筑所坐落的山原叫瓮山，但乾隆于此地为母亲兴建了一座庙宇及其他建筑，他的母亲将这里作为守寡的居所，此后，这座山就改名为万寿山。后来，整个建筑群被命名为颐和园，一直沿用至今。1750年，乾隆皇帝命人将一份诏书镌刻在山坡石碑上，上面写着："湖既成，因赐名万寿山昆明湖，景仰放勋之迹，兼寓习武之意②，得泉瓮山而易之曰万寿云者，则以今年恭逢皇太后六旬大庆，建延寿寺于山之阳，故尔……"。

十年后，母亲70岁时，乾隆皇帝写了一份回忆录。在回忆录中，他为自己在新建成的行宫上花费了如此巨大的开销寻找借口，尽管早前建成圆明园时他曾宣布过再也不建任何游乐行宫。他说："盖湖之成以治水，山之名以临湖，既具湖山之胜，概能无亭台之点缀？事有相因，文缘质起，而出内帑，给雇直，敦朴素，祛藻饰，一如圆明园旧制，无敢或逾焉。"③

万寿山上最精致的建筑，组成了乾隆为庆祝其母亲六十大寿而建造的寺庙建筑群——大报恩延寿寺。这些建筑坐落于南坡的平台上，由台阶连接，用栏杆围合。最上层的平台上，坐落着一座宏伟的俯瞰整个地区的八角形塔——佛香阁。其后的山顶上是万佛殿，完全由釉面砖砌成，部分饰有佛像浮雕。其纵向轴线的低端延伸到湖边，终点是一个装饰性长廊。（参见260页，图221；参见261页，图223）

这组建筑群现在可能依然矗立在那里，虽然在1860年的大火中被烧毁的原始寺庙，已经被相连庭院中的三座大殿所代替，雄伟的塔也得到修复。很明显，1889年重建时，尽可能地模仿了原本的样式，因此整体形象大概与乾隆时期的非常相似。而且，一部分建筑，如在山顶上发着黄绿色光芒的寺庙大殿和西坡上有名的青铜铸成的宝云阁，从那场大火中幸存下来，至今仍显示出不凡的建筑技巧及修建万寿山的过程中体现出的丰富想象力。（参见264页，图229）

---

①应为19世纪末20世纪初，慈禧太后第一次重建是1899年，第二次修复是1902年。——译者注
②此处乾隆皇帝习武的地方指唐朝位于长安的昆明池，昆明湖号称用于演习水战。
③引自马隆：《清朝皇家园林史》，第113页。

山坡上的小路在精美的石块间蜿蜒。罗列出这里所有的楼阁没有什么必要,因为整个建筑群的组合更能引起我们的兴趣,而不是某个特定建筑:塔、楼阁、宫殿,整个建筑鳞次栉比,延绵不绝,殿顶泛着耀眼的蓝紫色、金色,低矮的建筑在树丛中若隐若现,高一些的建筑则在澄澈的天空下映出闪亮的剪影。这组建筑群无论从任何角度来看,都具有丰富的色彩和形式,吸引着所有游客,与山脚下宽阔平稳的水面形成了鲜明对比。

　　从凸起的平台上,或更高的塔楼上看,南面有昆明湖及其小岛、桥和岸边的长廊,东面可以看到北京城墙内的整片平原,西面能看到远方的玉泉山和西山。你可能会奇怪,在这些游玩之地的中央,怎么会挖出这么大的一个湖。对此,乾隆皇帝本人给出了答案,在一份回忆录中他曾写道,原本这里(现在的东墙后)只有一个很小的莲花池。这是挖掘昆明湖的起点,挖成后的昆明湖通过一个宽阔的河道与从不枯竭的玉泉相连。如前所述,最初的意图是为了给皇家海军参加模拟海战提供训练场地。因此乾隆建造了 24 艘船,并从天津和福州召集有海战经验的人指导。其后,到慈禧太后时,或多或少也演习过几次模拟海战,这可能是从建造船舶的资金中划拨一部分用来重建这座夏季行宫的原因之一。在 1894—1895 年的中日战争中,中国人为忽视海军建设而付出了惨重的代价。

　　湖岸边有着多种多样的景致:在万寿山脚下的北岸,湖岸相当笔直,岸边用大理石栏杆来强调景致。西岸以长弧形向南延伸,湖面变浅成为水滩,东岸以不规则的曲线蜿蜒流转。东岸中间有一座显眼的大八角亭,一道长长的有 17 个拱和精致的雕刻栏杆的大理石桥延伸至水面。它连接着一个稍大的岛屿,岛上树影掩映着龙王庙。(参见 266 页,图 232)这里摆放着用来求雨的祭祀品。这些建筑以及那座蓝脸、身披黄色龙袍、头戴皇冠的龙王雕塑至今仍然存在,但不再举行祭祀和盛宴,只举办一些不太重要的活动,如防止故意破坏公物协会的集会。远处,小岛凤凰墩伸出水面,现在上面只有一棵孤单的树,而以前有小亭装饰,特定情况下用来关押宫女。最远处的西岸边,从地平线升起一个如通透的剪影的拱桥——骆驼桥,横跨一个最宽的河道口。这座桥是古典园林建筑中最优秀的范本之一。(参见 266 页,图 231)

　　湖上的风景很大程度上取决于四季和一天当中时刻的变化。冬天,湖面可能被冰雪覆盖;早春时节,在芦苇和湖泊植物还未生长并赋予河岸以色彩时,湖面看起来辽阔而又荒凉;夏天到来时,水面下降,一部分消失在起伏的美丽荷花水毯下。乾隆皇帝曾在很多诗歌中,表达了对昆明湖上的荷花和月色的喜爱;不那么出名的诗人,无疑也曾在这充满艺术气息的秀美景观中寻找灵感。这里呈现出连绵不绝的美妙景致,随光影和欣赏角度而变化。

　　如前所述,站在万寿山上的寺庙露台上能拥有最广阔的视野,但是要欣赏最美丽如画的景色,需在柔和曲折的北岸边的长廊中散步。(参见 261 页,图 224)长廊上坚实的柱子被装饰性栅格栏杆和垂饰连接，覆盖在凸出屋顶的阴影下，为欣赏石岸上的连续景致提供了背景。在这里，随处有树木直入空中，跨过湖面，近处绽放繁花，远处反衬白云。对这样的美景，没有比这更轻巧优雅的框架了。柱子呈红色，但横梁和廊顶上的花朵和风景色彩绚丽。在长廊的交叉点或终点，有开放的亭子或是某些关着的小房子。这些都使得风景更加丰富多彩、赏心悦目。（参见 263 页，图 227）

长廊另一面的景色与湖边形成对比，这里的视线被大片针叶林和落叶阔叶林所阻隔，为这片山水之间的区域赋予了森林的气息。石头铺成的小径沿狭窄的小溪蜿蜒，溪上横跨苔藓覆盖的小桥（参见 260 页，图 222），与堆叠的花园石一起，创造出中国园林典型的破败、无常的氛围。

这个巨大的园林中有一部分更加隐蔽私密，就像乾隆仿照江苏无锡的一座著名园林建造的谐趣园一样。它的中心部分是一个大型的荷花池，周围是低矮的小山、长廊、亭台，和有着优雅设计的小桥。这里的水像岸边一样丰富，原本应该长有树木的地方被优雅的小建筑所占据。（参见 263 页，图 228）

遵慈禧旨意建造的新建筑周围的园林规模也不大，在宏伟的东门附近可以看到一些。例如仁寿殿，是慈禧太后召见群臣的主殿。这座建筑并不高大，建在低层平台上，殿顶庞大。殿前的雕花大理石底座上，竖立着具有象征意义的鹿与鹤（人们认为这两种动物可以带来好运）的青铜雕像。（参见 262 页，图 225）石头铺就的庭院中只有几棵树和一块刻有诗歌铭文的奇形怪状的巨石。这块石头是一个清朝贵族，特地从家乡运来送给皇太后的礼物。往北边走上几步就能看到一座三层的建筑——泰和园，即戏院，对面是有相同高度的小建筑怡乐殿，之所以这样命名，是因为其中有皇太后的私人包厢，她在这里可以自在地开怀大笑。如果继续向西漫步，会发现其他一些被低矮的建筑、走廊和墙壁围绕的庭院，这些庭院的地面都用石头铺就，并以几株树、几块奇石来装饰。但依照规矩，这里的花只有暖季放在大花盆和雕花大理石容器里的那些。这些园林不包含任何新的或旧的元素，湖两端的著名的大理石船和青铜牛等古迹，能引起人们的兴趣。

这里的巨大魅力和艺术之美，归根结底是因为那些难以名状的要素，只能从自然环境与建筑之间的相互作用中探寻：在色彩缤纷的屋顶上闪烁的阳光中，在宽阔水面上流转的灯光中，在画满装饰的廊顶下的光影中。如果对蓬岛瑶台等经常出现在古诗和古代画作中的故事熟悉的话，就能在这些山环水绕、繁花盛开的花园里捕捉到神话中的仙境的影子。

以实际形态来表达虚幻的艺术和自然，为中央王朝的神圣统治者提供住所，这样的传统可以一直追溯到 19 世纪初，慈禧的夏季行宫就是这种传统的最后产物。很容易看出来，慈禧喜欢这个地方超过其他任何住所，认为在这里度过的时期是她一生中最美好的记忆。

玉泉山，坐落于颐和园以西几公里之外，是中国传统"燕京八景"中最美的景点。这个地方之所以得名是因为从山上奔腾而下的水像玉一样纯洁干净。人们还认为这里的水可以治病，因此在入口处可以看到，有中国游客烧香，以期得到水神的护佑。（参见268页，图235）

所有在这里游览过的人都无法否认的是，传统在这里得以保存完好。在北京周边地区，几乎找不到比这里更受自然青睐的地方。地面上升成为山丘或高台，上面曾有屋顶闪闪发光的彩色建筑。植被茂盛，甚至有些过剩。建筑的遗迹散落在宏伟的古树林中，30多年间一直保持着原貌。在这翠绿的景色中有一片澄澈的湖水，在流经泥泞的沟渠和河道而变黑之前，泉水清澈见底。（参见269页，图236）

湖水背后，山脉缓慢上升，线条在三个不同的地方汇集到年代、外观各异的精美的塔上。其中最小的塔是一座大理石塔，饰有18世纪的大量人物浮雕；第二座塔全身覆有绿色和黄色的釉面砖；第三座也是最大的塔，年代更为久远，坐落于一个八角形的平台上，塔高七层，外面是无釉砖。这座塔叫作玉峰塔，俯瞰着整片土地。这里视野开阔，一边可以俯瞰整个北京，另一边可以远眺西山山脊。传说金章宗（1168—1208）曾在这里建造了狩猎行宫，虽然早已不复存在了，但还留有两块纪念碑，其中一块镌刻着乾隆皇帝的题词："天下第一泉"。

跟祖父康熙一样，乾隆皇帝也喜欢在玉泉边创作诗歌。南坡上的公园之所以叫静明园是有原因的。这是康熙在1680年命名的，他还选出了（依据古老的传统）16个特别的景致，赐予充满诗意的名字，例如：芙蓉晴照（一个琉璃瓦顶的小亭，在阳光下闪闪发光）、峡雪琴音（一道很深的峡谷）。他这样形容玉泉水面上颤动的月光：裂帛湖光。不过，触动这两位皇家诗人的并不只是视觉景象，他们的耳朵对自然之音也同样敏感，例如：风重清听、云外钟声。这样的比喻将思绪引入宇宙空间，乾隆在他的16首诗中曾努力将思绪延伸得更远。

毫无疑问，玉泉山是现在北京地区最具吸引力的皇家园林，其新鲜和质朴的魅力尤其吸引自然爱好者。当城市中气温逐渐升高时，这里就成为短途或周末旅行的最佳去处（对于较长时间的游览，这里有简单的小旅店）。漫步于此，会一遍又一遍地问自己：哪些是人工创造的，哪些是自然产生的？艺术元素完全与自然环境融合在一起，几乎不可能将它们与自然景色区分开来。是的，你或许可以从蜿蜒的小路上、筑坝的河流中、小桥和矗立的楼阁里，觅到人类制造的痕迹，但那些基本特征、地面形态和葱郁的树林，看上去那么自然，你不会想到，这些可能也是人工制造出来的艺术品。（参见270—271页，图237—图238）

从留存下来的历史记载来看，康熙皇帝为建造这个乐园花了不少经费，尔后乾隆皇帝也雇用了上百名园林工匠进行改造。但显然，两次修建所遵循的指导原则都是将设计尽量融入周边环境，遵循自然迹象。现在更为明显，因为经过了两个世纪，树木的生长和建筑的自然老化没有受到干扰。

这些景色可以说实现了自我，成为野生自然公园，与18世纪在欧洲兴起的浪漫公园有一定的相似性。中国人这种灵感来源的重要性，以及这种影响是怎样经由传教士传到欧洲的，都将另文讨论。前文我曾引述王致诚对圆明园的描述，这里引用另一篇文章将更为有趣。作者是一个叫韩国英的传教士，很多地方都会让人想起玉泉山这样的园林。这些文字收录在《中华杂纂》第八卷，1782年于巴黎出版。这篇文章题为《论中国的娱乐性庭园》，其中最有趣的部分并非韩国英本人的言论，而是他引用的一名为他提供资料的中国人的话，这个人他称之为"李欧洲"。以下是部分内容：

人们在一个乐园中想要找寻的是什么？在里面人享受的是什么？从历史长河中我们得到了一个相同的答案：那就是人类自然的家园，总是有着新鲜、令人愉快的魅力的乡村的替代品。一座花园应该是由所有属于自然景色的要素构成的生动的动画图片，以引发人们相同的感觉，给予眼睛以相同的魅力。建造这样一个花园的艺术就在于将各种美丽景致，草木，树荫，郊野中所有的景观，原封不动地汇集在一起，以使眼睛能够看见所有的景色，耳朵听见所有的寂静和平和，所有的感官充满宁静，置身其中非常幸福。因此，景观的丰富多变，这一自然景观的基础特征，应当是规划时首要考虑的。自然太过丰富，别具特色，山谷，沼泽，树林，瀑布，从高处蜿蜒而下的水流，被水中植物遮蔽的天然水池，直指天上抑或遍布平地的石头，黑暗的石窟，被树叶覆盖的阴凉，即使没有足够广阔的土地去容纳所有类型的自然山川，也应赋予园林自然的多样性，而不是造出刻板而生硬的对称，诱导人们产生兴趣，最终却只剩无聊和单调。

如果一片土地处在封闭狭窄的范围内，无法创造出这么多不同的景致，那么就要做个选择，努力突出特性，使这座花园的景观具有质朴而多变的氛围，产生吸引力。这样巧妙的艺术可以表达甚至超越自然，首先体现于组合假山、树林和水流的能力，以揭示大自然的美、加强景观效果并产生无限多变的景色。在一个小的区域里，不管什么元素都不应该有过大的面积，同时也不应该被限制、拘束或夸张。即使在宽阔的地面上，都应该保持和谐的比例，使这种美丽和真实给人的眼睛留下永远愉快的印象，从不感到厌倦。

在深入探讨了文章的主要观点，即各种元素都应该保持不言自明的、自然的、无意识的状态之后，韩国英留下了如下的反思，这种反思实际上表达了关于中国园林艺术所遵循的基础原则的一个非常好的想法：

所有平行、对称的元素与自由的大自然都是不相容的。自然中没有沿直线生长的树木，以形成林荫大道，花朵在花坛中一起生长，水局限于池塘或规则的河道中。正是对这些事实的清醒认识，形成了中国园林规划法则的基础。他们的山丘普遍被多种不同的树所覆盖，有时像树林中一样密集种植，有时又像田野中一样分散疏离。其色调的深浅、枝叶的繁茂、树冠的形态、树干的厚度和高度是决定它们种在北边或南边、山顶山坡抑或山谷中的决定因素。这种布置需要真正的品位。这些树要隐藏起太过显眼的部分，凸显出与众不同的地方；还要服从于景观效果，无论是在地平线上的影子，还是融合于远景中。

同时还要考虑到每个季节的特殊需求。盛开的樱桃花和桃花给春天带来了迷人的气氛；刺槐和白蜡树给夏天带去绿色的阴凉。秋天有枝条长垂的柳树和树叶如丝般光滑的白杨树；冬天有雪松、柏树和松树。（然后他继续探讨了矮树丛和灌木丛在斜坡上的整个风景构图中应该起到的作用，并未提到其他种类。）那些喜欢对称的树荫、林荫大道、栅栏和我们公园里其他的人工形式的人可能需要原谅我，也许正是因为我们对这些东西的回忆太过模糊，或是对眼前花园的品味太过多样，我们的花园像丰塔内莱的诗，而中国园林则像维吉尔的田园诗。

韩国英在文章中，继续强调了中国园林中的不规则和丰富多样，蜿蜒的路径和起伏的地形，与法国勒·诺特尔花园里僵硬的对称形成对比。但全部引述他的信没有什么必要。信里并未讲述多少新的理念，但它对18世纪后期中国园林艺术中最重要的理念和观点做了总结，这具有重要意义。这封信的作者用欧洲人的眼睛观察中国园林，努力使描写对欧洲读者而言尽可能有趣。对我们来说，用维吉尔的田园诗来比喻中国园林可能看起来有些牵强；但对于业余爱好者来说，这无疑较为恰切，也是一个将中国园林温馨的魅力和丰富构图的特点更自然地表达出来的方式。这是对当时文化融合的典型表达，引发了欧洲人对中国园林艺术的兴趣。

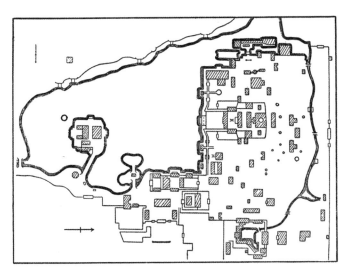

颐和园及昆明湖的平面布局图

「参考文献」

计成：《园冶》（序言写于 1634 年,中国营造学社新版）,北京,1933 年。

林有麟：《素园石谱》（序言写于 1613 年）,新版。

胡正言：《十竹斋书画谱》（初版于 1627 年,多次再版）。

王概：《芥子园画传》（初版于 1679 年,多次再版）R. 彼得鲁奇译为法语并作注,巴黎,
1918 年。

完颜麟庆：《鸿雪因缘图记》（序言写于 1839—1849 年）。

《顺天府志》,1885 年（最新版）。

《耶稣会士书信集》（初版共三十四卷）,巴黎,1717—1776 年。

（北京传教士）韩国英：《中华杂纂》（初版共十七卷）,巴黎,1777—1814 年。

《马可·波罗游记》（卷一、卷二）,亨利·尤尔翻译并编纂,伦敦,1903 年。亨利·科迪尔作
注并补遗,1920 年。

卡罗尔·布朗·马隆：《清朝皇家园林史》,第三卷,伊利诺伊大学出版社,1934 年。

伯希和：《乾隆西域武功图考证》,《通报》第二十卷,1921 年。

弗劳伦斯·艾斯库：《中国园林理念》,《中国之镜》,伦敦,1925 年。

包贵思：《中国私家园林起源笔记》（吴世昌文章节译）,《中国科学美术杂志》,1935 年 7
月。

E.H. 威尔逊：《中国,世界园林之母》,波士顿,1929 年。

周航帆：《河北故树》,北京,1934 年。

喜仁龙：《北京皇城写真全图》,巴黎,1926 年。

洪业：《和珅及淑春园史料札记》,北京,1934 年。

刘易斯·查尔斯·阿灵顿：《古都旧景》,北京,1935 年。

斐迪南·莱辛：《中国艺术中的符号》（西尼卡再版）,1934—1935 年。

朱荫桐：《中国园林,尤其是江苏和浙江的园林》,《天下月刊》,1936 年 10 月。

津吉田村：《日本园林艺术》,东京,1936 年。

戴谦和：《中国窗棂》（共两卷）,哈佛—燕京专著系列丛书（卷五、卷六）,剑桥,马萨诸塞
州,1937 年。

阮勉初、李绍昌：《园庭画萃》,美国火奴鲁鲁,1940 年。

陈鸿舜、G.N. 凯茨：《北京恭王府及其花园》,《华裔学志》,1940 年。

附录一

中国园林

笔者借此机会，万分感谢以下博物馆与私人收藏家，对本书图片使用的支持：

波士顿美术博物馆（图10、图42）；华盛顿弗利尔美术馆（图11、图88、图91、图101、图102）；北京故宫博物院（图43、图44）；法国国家图书馆（图202、图205、图206、图208、图209、图210—图213）；纽约卢吴公司（图103、图104、图105、图106）；中国与日本的私人收藏者（图14—图17、图39、图40、图44、图45、图89、图90、图96、图97、图98—图100）。

笔者还要感谢哈佛大学出版社准许采用戴谦和《中国窗棂》中的一些画作，感谢伊利诺斯大学董事会准许使用马隆《清朝皇家园林史》中的示意图，感谢美国火奴鲁鲁的阮勉初准许使用他的《园庭画萃》中的一些画作，感谢来自北京的魏智准许使用1940年刊载于《华裔学志》上的一幅地图。

可能依据陈洪绶（1599—1651）的画所作的木版画，展现了戏曲《西厢记》中的一个场景

图 2 北京北海静心斋的局部视图

图 3　苏州狮子园林拜石轩前　现名怡园

图 4　苏州网师花园内，一座横跨水流的石桥

图 5 颐和园中一处僻静花园内，岩石与老柏树间的一座亭子

图 6　颐和园中，一处围墙环绕、荷花盛开的小园

图 7 北京一处私家园林的局部视图。有开放式游廊和石板路

图 8 苏州网师园殿春簃一角

〕斜山脚下竹林深处的避暑宅园。
（11世纪末）画作，波士顿美术博物馆藏

图11 悬崖脚下松林深处的避暑宅园。徐世昌（13世纪）画作（部分），华盛顿弗利尔美术馆藏

图 12 北京海淀避暑宅园中典型的园林场景

图 13 北京海淀避暑宅园中典型的园林场景

图 14
一位诗人的山间花园小屋。
项墨林(1525—1590)画作(细部图),
中国私人收藏

图 15
一位哲人的山间小屋,主
人深山访友。
高凤翰(1683—1749)画
作(部分),
日本私人收藏(现日本大
阪市立美术馆藏)

图 16 河岸上，竹林与开花树木间供修习的亭子。
赵大年（11 世纪末）画作（部分）

图 17 岬角处为庭院所环绕的草堂
文徵明（1470—1559）画作（细部图），日本私人收

图 18 江苏无锡寄畅园。
几百年来，这座园林因自然风光秀美及泉水适宜泡茶而闻名。
依据完颜麟庆（19 世纪初）《鸿雪因缘图记》中的画而作的木
版画

图 19 南京随
诗人袁枚于 1748 年将其收购并修
因秀竹、梅花与桂花而闻
水从亭阁间蜿蜒而
园虽不大，却如同袁枚的文风一样错综

图 20　苏州拙政园中，曲桥跨过水流

图 21 北京南海一段干涸的河床上，阶石构成的路径

图 22 玉泉如镜的水面

图 23 北京南海岸景

图 24 中海岩石环绕的水塘。"如镜的水面映出倒影，这里是美人鱼宫殿的入口"

图 25 南海流杯亭

图 26 中海卍字廊

图 27 南海流杯亭。带有杯碟的小酒杯在板中的曲折水道里漂流时，参与者需作诗

图 28 北京的一处私家园林。池边有镂石假山，周边长廊环绕，曾经的活水现已干涸

图 29 苏州网师园的中心部分。园林以小湖及湖岸为中心，四周建筑面向小湖，长廊依湖岸岩石曲折迂回

30 北京北海枕峦廊。廊前有一个水塘，沿岸由横竖岩石组成坚固的"山"景，与远处的建筑形成鲜明对比

图 31 颐和园内一处楼阁前，摆放在雕花大理石基座上的巨型景观石

图 32 北京礼王府花园中，建在横向叠石组成的山丘上的亭子

图 33 北京常铸九以前的花园中由横向叠石组成的、有通道和门道的假山

图 34 北京常铸九以前的花园中的假山。如此布局可为花园带来些许野趣

图 35 在满目疮痍的苏州王氏女校花园里，矗立着一块完美的太湖石——瑞云峰

图 36 苏州狮子林中的水塘和大假山

图 37　苏州狮子林中的巨石，如同坐着的狮子。摄于 1918 年，当时园林正在改造

图 38
高耸的石头与无叶的柳树。
依据一幅17世纪的画而作的木版画,
所绘内容为戏剧《西厢记》

图 39 《松石图》。黄道周（1585—1646）作

图 40 《梧桐庭院》。杨文骢（1596—1646）作

图 41 北京半亩园中的拜石轩。最初于 16 世纪由诗人李笠翁设计,后于 19 世纪 40 年代由河道总督完颜麟庆主持修复。他与友人正同坐小憩,共赏妙石雅树

图 42 赵佶（宋徽宗）《五色鹦鹉图》。宋代宫廷画，现藏于美国波士顿美术馆

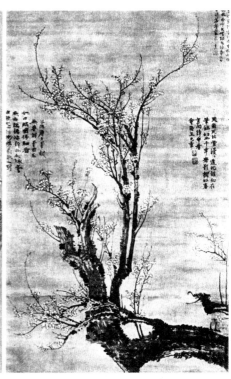

图 43 《梅花图》。
画于 15 世纪初期，现藏于北京故宫
博物院

图 44 松竹梅，旁边有一块园林
石。王维烈大约画于 1580 年，
现为私人藏品，东京

图 45 《梅花图》。王冕作。现为私人藏品，
上海

图 46 杭州灵隐寺，竹林间蜿蜒而上的石阶

图 47
隔水眺望北海琼华岛与湖岸。
荷花旺盛绽放，高出水面，亭亭如盖的荷叶似滚动的地毯，散发出慵倦无力的气息

图 48
游廊环绕、种满白牡丹的庭院。
北京海淀蒙古族僧王的避暑宅院的局部视图

图49 杭州石屋洞。洞前花团锦簇的梅花

图 50 北海一座楼阁前的楸树

51 北京七爷府园林的局部视图。竹篱笆与河岸平行，图中近处为一棵皂荚树

图 52 煤山山顶的一座亭子。在此可以俯瞰紫禁城与北京周边地区，视野极佳

图 53 北京恭王府花园中，垂柳下的八角亭

图 54 北京周边一座寺庙遗址附近的一片白皮松树林

图 55
通往北京妙峰山路边的油松。
粗壮的枝干似巨人手臂
保护着地面。
巨大的树冠似平伸的穹顶，
又似一把巨伞沿地势起伏

图 56 北京七爷府花园中的半月亭。亭前的年轻人是末代皇帝的弟弟

57 安徽滁州琅琊寺醉翁亭。因欧阳修（1007—1072）而闻名遐迩，历史上曾多次修缮，最近的一次可能在19世纪

58 依据竹与兰的画而作的木版画。出自《芥子园画传》

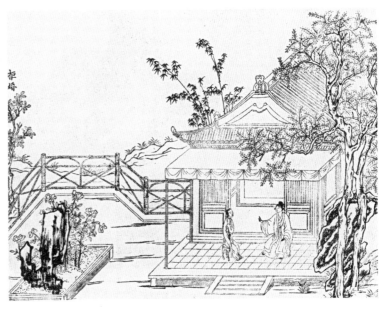

图59 小花园的石头旁，牡丹含苞待放。可能依据陈洪绶的画而作的木版画，出自《西厢记》

图 60 安徽滁州琅琊寺中的亭子和繁茂的芭蕉树，周围有装饰性砖墙

图 61　杭州黄龙寺中建在小岛群岩上的一座小亭子

图 62 北京一处私邸（傅增湘住宅）中，开放式游廊将种有植物的庭院分隔为两部分

图 63　北京七爷府花园中的长廊

图 64　北京海淀蒙古族僧王府，游廊环绕的院内牡丹朵朵

图 66 北京一处私家园林的局部视图。游廊环绕池塘，廊桥与凉亭相通，印证了《园冶》中对游廊的描述："蹑山腰，落任高低曲折，自然断续蜿蜒。"

图 67 颐和园中的亭廊，有装饰性栏杆与垂饰。垂饰由廊柱支撑，在屋檐下与雕梁形成延续的作用

图 68 安徽滁州琅琊寺中的一座封闭式楼阁。窗和月亮门为"冰裂纹"图案

9 带有装饰性栏杆和"笔管式"图案格栅门的楼阁。出
西厢记》的木版画

图70 完颜麟庆到访双树寺。这里竹子旺盛,"绿云遍地"。
他沿竹篱笆漫步,欣赏主建筑前的两棵玉兰树

图71 北京礼王府中,藤蔓缠绕的遮阳凉棚位于兰亭书室前

图 72 北京玉泉公园中一段带有装饰性门洞的上升园墙

图 73 颐和园里一处幽静的庭院，园墙沿地势而建，曲折迂回，环绕院落

图 74 北京北海一处小园中的装饰性洞窗与花瓶状门洞

图 75 位于苏州拙政园旧址的八旗会馆中的月亮门

图 76　颐和园一处庭院假山上的曲面楼阁

图 77 北京仰山山脚下大觉寺园墙上的月亮门

图 78 北京郑王府中葫芦状的门洞

图 79 颐和园荷塘岸边带有洞窗的白园墙

图 80 颐和园带有洞窗的长廊

图 81 安徽滁州琅琊寺中带有青瓦花窗的墙面

图 82 北京北海静心斋中的石桥

图 83 位于苏州拙政园旧址的八旗会馆中的长廊与曲桥

图 84
北京附近的黑龙潭，四周环绕
着带有洞窗、曲折迂回的园墙。
远处山丘上有座龙王庙，据说
有时龙王会从清澈的水面升起

图 85 北京一处私家园林（常铸九的园林）中，五彩卵石与石板构成的园内小径

图 86 北京恭王府花园内，有骆驼商队图案的石子路

图 87 北京山西会馆内，有一列鸟的图案的石子路

图 89 《西林禅室图》。倪瓒（1301—1374）作的水墨画，日本私人收藏

图 88 汉朝皇家避暑山庄想象图。明代金边勾勒的彩图，华盛顿弗利尔美术馆藏。

图 90 篱笆院内梧桐树下的禅室。唐寅（1470—1524）画作，北京私人收藏

的水墨画，华盛顿弗利尔美术馆藏

图92—图93 《辋川别业图》石版画的两部分，依据王维（约692—761）陕西《辋川别业住所图》而作

图94 太湖石。题为「柱石呈祥」。后世认为是宋徽宗（1082—1135）的画作，画中这块著名的石头可能来自皇家园林。斯德哥尔摩国家博物馆藏

图95 哲学家、诗人及业余爱好者聚集在艺术资助者的花园中。赵孟頫依据李公麟（12世纪早期）的画而作，北京故宫博物院藏

图96 源于石崇所有的美丽花园想象图：
《金谷园图》。创作于16世纪早期，仇英（16世纪）
作，日本京都知恩院藏

图98—图100 年轻女子们在皇家园林中舞蹈、嬉戏
秋千、沐浴。这是仇英一幅画作中的三部分，斯德哥
摩私人收藏

图97 书画家文徵明所绘山间避暑草堂的局部，
1531年绘制。上海私人收藏

图101—图102 园中浪漫的故事。17世纪一幅卷轴画的
分，华盛顿弗利尔美术馆藏

图 103—图 104 《汉宫春晓图》。

这幅卷轴画的两部分，描绘了一位贵妇及其女性朋友们在皇家园林中的休闲生活，园中有楼阁、明亮如镜的水塘、中空的岩石以及花盛开的树木

图 105—图 106 《汉宫春晓图》后面两部分。从中可以看到年轻女子们在梳洗、弹唱、嬉戏、刺绣，三名侍卫在暗中监护她们。

……作，纽约卢吴公司藏

图 107 《西厢记》木版画。
可能依据陈洪绶的画而作

图 108 完颜麟庆在清江浦清晏园中的赏月亭。
亭子位于荷塘中，由得月曲桥与岸边相连

图 109 完颜麟庆在清江浦清晏园中的赏春亭。家人因节日而聚集
于此，欣赏在还未长叶的柳树下起舞的孔雀与鹤

图 110 京都平等院凤凰堂。初建于 11 世纪中叶，为藤原赖通避暑之所

图 111　京都西芳寺，苔藓公园的局部视图。公园建于 14 世纪中叶，现今仍然保存完好

图 112　京都附近天龙寺公园中的荷塘

图 113 金阁寺。14 世纪末足利义满所建,用于禅修冥想,其死后更名为鹿苑寺

图 114 银阁寺。15 世纪中叶足利义政所建,是一处具有冥想、茶道及其他艺术活动功能的隐居场所。庭院与阳台上均覆盖着白沙

图 115 映于湖水中的银阁寺。最初的方案中，屋顶全部镀银，但并未实现

图 116 银阁寺内的园林：水系蜿蜒，与湖泊汇合，那里有深深的水湾、众多小岛与岩礁

图 117　京都大德寺内大仙院园林的局部视图：船只搁浅的枯水景观

图 119 醍醐寺三宝院内，一个小湖的入口（照片摄于 1922 年遭台风破坏前）。公园建于 16 世纪末期，为丰臣秀吉所有

图 120　杭州西湖的一座岛屿。春天尚早，枝芽待放

图 121 杭州西湖文澜阁花园

图 122 杭州灵隐寺山上的佛像

图 123 横跨溪谷的亭子

图 124　杭州灵隐寺的竹林

图 125　杭州黄龙寺公园中的亭子

图 126 苏州拙政园^①植有木香花的园角处。据说其历史可以追溯到 16 世纪

①应为狮子林。——译者注

图 127 苏州狮子林中心区域的水塘与假山

图 128　苏州留园。湖面与小岛上的建筑构成画面中心。岸边怪石嶙峋，岛上的建筑以白墙为背景，周围矗立着许多古树，水面倒影辉映

图 129　苏州拙政园中，长长的折桥下原本是一片水塘，而今繁茂的植物取代了水塘

图 130　苏州拙政园中的云墙与月亮门

图 131 苏州拙政园中，干涸的水塘旁边的亭子

图 132 苏州网师园。规模很小，但园内枝繁叶茂时，显得很幽深

图 133 苏州网师园。建筑从三面环绕着位于中心的小湖，开敞的走廊则随着湖岸的走势，或高或低，曲折蜿蜒

图 134 苏州王氏女校废弃的园林

图 135 苏州网师园的长廊水亭

图136 苏州怡园。像这样的园林,可能给人留下的印象是令人眼花缭乱的奇石和树木。它旨在通过丰富和出其不意的设计吸引人,而不是任何显而易见的场景

图137 沧浪亭中开放式的长廊。现在是苏州美术专科学校所在地

图 138 苏州怡园花园的局部视图。后面为住宅

图 139 苏州的一座现代园林。拥挤的石头及其有序的排列规则抵消了园林整体如画的美感

图 140　南翔古猗园中古色古香的墙壁（1922）

图 141　南翔古猗园中古色古香的亭子，还有古树和藤蔓（1922）

图 142　北京涛贝勒府的大门和石狮

图 143　北京礼王府的第一进庭院

图 144 郑王府西仙楼。原本是座剧院

图 145 郑王府银安殿内部

图 146 郑王府为善最乐堂

图 147 郑王府来声阁

图 148　郑王府跨绛亭

图 149　郑王府清真亭

图 150　恭王府安善堂前位于柳荫下的水池

图 151　恭王府观鱼台

图152 恭王府中，水塘局部及岸边长廊诗画舫

图 153 恭王府滴翠岩。它是秘云洞的入口。山上的平台用于赏月，名为邀月台

图 154 恭王府观鱼台背面和东部长廊

图 155 涛贝勒府泉水前面带有亭子和长廊的假山

图 156 恭王府花园入口处似门形的假山

图 157 恭王府的最后一代主人溥儒和他的鹦鹉

图158 涛贝勒府开放式的亭子和高耸的石头

图159 北京常铸九以前宅邸的第一进院子

图 160 北京常铸九以前宅邸的前院和大门

图 161 南海瀛台春明楼和湛虚楼

图 162 北京常铸九以前的花园。水塘的四周有山石、亭子和长廊，水塘里尽管看不见水，却长满了荷花

图 163 北京海淀礼亲王府园林一角

图 164 北京傅增湘的园林中的小池塘和亭廊

图 165　科克尔先生以前北京故居中的亭台

图 166 科克尔先生以前北京故居园林的局部视图

图 167 北海中琼华岛。上面是白塔

图 168　金鳌玉蝀桥（1922）

图 169　拆除了长墙之后的金鳌玉蝀桥（1935）

图 170 北海中通向团城的乾光门

图 171 南海迎薰亭。观者临亭远眺，视线从这里穿过如镜般的灰色水面通向了梦想世界中的静谧空间

图 172 北海团城平台上的一座亭子和刺柏

图 173　南海瀛台。斜坡通向翔鸾阁

图 174　水渠上的桥将南海与中海隔开

图 175　南海瀛台香扆殿

图 176　南海瀛台藻韵楼

图 177　南海瀛台钓鱼亭

图 178　中海风亭和月榭

图 179　中海水云榭。燕京八景之一

图 180 中海卍字廊的局部视图

图 181 中海卍字廊的局部视图。远处是风亭

图 182 中海紫光阁正面

图 183 中海紫光阁侧面

图 184 中海万善殿

图 185 中海水云榭。阁内题字：太液秋风

图 186 北海永安寺入口

图 187 北海分凉阁。位于游廊西端

图 188 北海蜈蚣桥。从团城通向白塔山

图 189 北海分凉阁和游廊。建在带有栏杆的平台上

图 190 北海，顺着曲折的岸边延伸的游廊内景。柱子和围栏都是深红色，天花板和梁上是蓝色、绿色、白色和金色装

图 191　北海五龙亭

图 192　北海甘露殿

图 193 北海漪澜堂

图 194　北海见春亭

图 195 北海小昆邱亭

图 196 北海承露盘。由雕花石柱上的仙人托举，源自道家传说

图 197 北海，石碑上有乾隆皇帝的题词：琼岛春阴

图 198 北海静心斋。慈禧太后的私人园林，这是她练习书法和绘画的地方——沁泉廊

图 199 北海静心斋。里面众多的小型建筑各有不同的用途，还有一道桥梁横跨于宽阔的水渠之上

图 200 北海蚕坛围场的入口。蚕坛是专门祭祀养蚕业守护神嫘祖的神社

图 201 北海蚕坛古桑树间的祭祀台

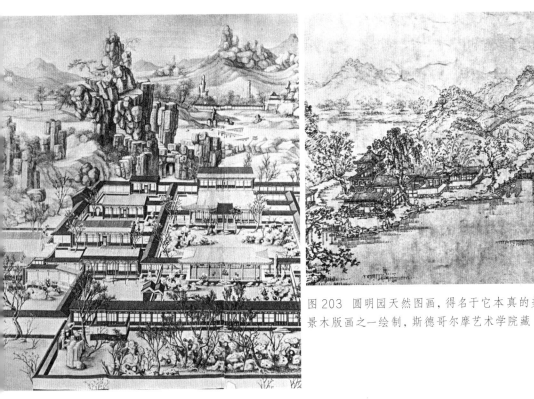

图203 圆明园天然图画,得名于它本真的美。派帕依据四十景木版画之一绘制,斯德哥尔摩艺术学院藏

202 皇家园林图的局部,法国国家图书馆藏

204 圆明园方壶胜境。派帕依据四十景木版画之一绘制,斯德哥尔摩艺术学院藏

图205 圆明园慈云普护。建在远湖中小岛上的三座小寺庙分别祭祀佛祖、关帝(战神)和龙王,还有一个日晷塔。唐岱和沈源作,法国国家图书馆藏

图 206
圆明园万方安和。建筑依据"卍"字形平面布局，
矗立在水上。"卍"字象征"各地"，同时也象征
着佛祖的心脏

图 207
圆明园万方安和。派帕依据四十景木版画之一所绘，
斯德哥尔摩艺术学院藏

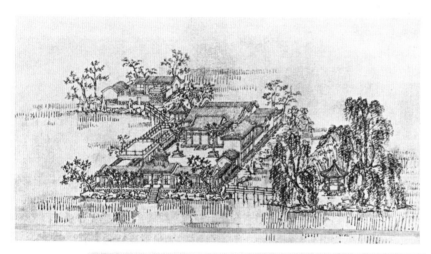

图 208
圆明园蓬岛瑶台，位于福海中间。
派帕根据木版画绘制

图 209
圆明园蓬岛瑶台。
沈源等绘制

图 210

圆明园别有洞天。之所以取这个名称，可能是因为从福海须穿过一道厚厚的墙壁才能进入这个隐秘的港湾。岸上坐落着秀清村。唐岱和沈源作，法国国家图书馆藏

图 211

圆明园舍卫城。两侧都是商铺的大街通向远处的大门。唐岱和沈源作，法国国家图书馆藏

图 212

圆明园方壶胜境。这片宏大的建筑群建于 1740 年，位于福海北边的大理石高台上，被称为圆明园中最宏伟的建筑。唐岱和沈源作，法国国家图书馆藏

图 213

圆明园曲院风荷。是一家酒馆的名称，位于杭州西湖岸边。唐岱和沈源作，法国国家图书馆藏

图 214

圆明园养雀笼。

该版画创作于 1786 年

图 215 圆明园养雀笼。拍摄于 1922 年

图 216 圆明园方外观。拍摄于 1922 年

17 圆明园方外观。该版画创作于 1786 年　　　　图 218 圆明园大水法。该版画创作于 1786 年

图 219
圆明园大水法。
拍摄于 1922 年

图 220 万寿山昆明湖的局部视图, 夏天这里开满了荷花

图 221 万寿山。岸边的景色，远处山顶上有座寺庙

图 222 万寿山。园中水渠上的小桥

图 223　万寿山佛香阁及其前面的平台、台阶、入口

图 224　万寿山岸边长廊的局部视图。视线从石栏环绕的岸边延伸到湖面，近处荷花绽放，远处白云倒映在水中

图 225 万寿山仁寿殿（皇太后的礼堂）

图 226 万寿山佛香阁下面的牌楼

27 万寿山长廊的内部视图。长廊中的某些地方像小房间一样，有门可以关闭。柱子是深红色，但从房梁到廊顶都绘有色艳的花卉和景观

图 228 万寿山谐趣园。炎热的夏季，水中的花比岸上的花还要繁盛，空气中弥漫着荷花浓郁的香味

图 229 万寿山佛香阁前斜坡上的宝云阁及其他小型建筑

图 230 万寿山万佛殿。墙壁被黄色釉面的小佛像浮雕及其他各色装饰瓦件所覆盖

图 231 万寿山骆驼桥

图 232 万寿山长桥。通向一座建有龙王庙的小岛

图 233 万寿山昆明湖

图 234 万寿山清晏舫

图 235 玉泉山入口附近的水渠

图 236 玉泉山。清澈的泉水在佛塔山下川流不息，被誉为"天下第一泉"

图 237 玉泉山。公园中蔓草丛生的平台和台阶

图 238 玉泉山。废弃公园中的佛塔。前面那座被琉璃瓦覆盖,明亮的色彩在浓密的树丛中耀眼夺目

附录二

醇亲王奕譞及其府邸

《醇亲王奕譞及其府邸》相册为清朝末年宫廷摄影师梁时泰于1888年拍摄，共收录醇亲王奕譞及其王府府邸影像60张。

梁时泰，清朝同治年间（1861—1875）先后在香港、广州、上海和天津开设照相馆，因擅长拍摄入宫成为"皇家摄影师"。他是第一位为李鸿章拍照，也是第一位为醇亲王制作私人相册的中国摄影师，享有"南赖（阿芳）北梁"之誉。

图 239　邸第正门

图 240　邸第正宇

图 241　邸第正宇内册宝椅座

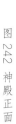

图 242　神殿正面

图 243 神殿南面神杆铜灶铁灶

图 244 清荫斋西厢房，为皇帝旧居

图 245　醇亲王奕譞和他的小儿子　　　　　　　　图 246　醇亲王奕譞

图 247　熙春堂寝室

图 248 厅堂

图 249 客厅入口

图 250 府内另一座厅堂

图 251 退省斋

图 252 西园养花处

图 253 朱文端公祠

图 254 旷如轩看骑射处

图 255 绿野草堂

图 256 憩亭

图 257 朴庵

图 258　由此石洞可达枕流小室　　　　　　　图 259　枕流小室

图 260　月照水池

图 261 奥如（一种狭窄曲折、幽静深邃、较为隐蔽的景物空间）

图 262 就槐亭

图 263 九恩堂

图 264 颐寿堂内的戏台

图 265　颐寿堂屋内

图 266　颐寿堂内观戏处

图 267 问源亭

图 268 寒香馆

图 269 七王爷喂鹿。照片上盖有他的印章　　　图 270 七王爷茶歇时与太监们合影

图 271 池上小室额曰沁秋　　　　　　图 272 颐寿堂后东楼

图 273 颐寿堂后西楼

图 274 修禊亭，曲水流觞

图 275 风月双清楼

图 276 小幽趣处

图 277 花园

图 278 梯云亭

图 279　陶庐

图 280　退庵

图 281　鬘画轩

图 282 花园

图 283 适园西院

图 284 抚松草堂

图 285 七王爷和他的两个幼儿

图 286 骑马的七王爷

图 287 奉恩辅国公载泽（19 岁）在宇荫坪

图 288 庭院

图 289 续缘堂寝室

图 290　景周轩

图 291　鱼乐亭

图 292　湖心亭

图 293 某处凉亭

图 294 佛堂祠堂

图 295 北山亭

图 296 绿杨城郭

图 297 小江乡

图 298 红香吟馆